JN436951

지질시대

황금못, 지구 역사 편찬의 이정표

지질시대

황금못, 지구 역사 편찬의 이정표

초판 1쇄 발행 2022년 12월 20일
초판 2쇄 발행 2024년 8월 10일

지은이 최덕근

펴낸곳 서울대학교출판문화원
주소 08826 서울 관악구 관악로 1
도서주문 02-889-4424, 02-880-7995
홈페이지 www.snupress.com
페이스북 @snupress1947
인스타그램 @snupress
이메일 snubook@snu.ac.kr
출판등록 제15-3호

ISBN 978-89-521-3113-3 93450

지질 시대

황금못,
지구 역사 편찬의 이정표

최덕근 지음

서울대학교출판문화원

책머리에

나는 지질학자다. 지질학 중에서 고생물학을 전공했다. 고생물학은 옛날에 살았던 생물의 유해, 즉 화석을 연구하는 자연과학의 한 분야이며, 내가 주로 연구한 화석은 삼엽충이다. 삼엽충은 지구상에 가장 일찍 출현했던 동물 중 하나다. 삼엽충은 지금으로부터 약 5억 2000만 년 전 캄브리아기 중엽에 등장한 후에 5000만 년 동안 지구의 바다에서 크게 번성했다. 그래서 캄브리아기를 '삼엽충의 시대'라고 부르기도 한다. 하지만 오르도비스기 이후 삼엽충은 쇠퇴의 길로 접어들어 페름기 말에 지구상에서 완전히 사라졌다.

우리나라에는 삼엽충 화석이 많다. 특히 삼엽충이 많이 발견되는 곳은 강원도 남부의 태백과 영월 지역이다. 이 지역은 주로 고생대층이 분포하는 곳으로 우리나라 지질학 분야에서 '태백산분지'라고 부른다. 여기서 분지盆地는 퇴적층들이 두껍게 쌓여 있는 곳을 말한다. 태백산분지의 고생대층은 크게 캄브리아기-오르도비스기의 조선누층군과 석탄기-페름기의 평안누층군으로 나뉜다. 이 중에서 삼엽충은 캄브리아기-오르도비스기 조선누층군에서 발견된다.

내가 삼엽충을 연구하기 시작한 때는 1980년대 중반이었다. 당시 나는 우리나라에서 산출되는 삼엽충에는 어떤 종류가 있는지 알아내는 데 연구의 초점을 맞추었다. 삼엽충을 연구하는 중요한 목적 중 하나는 삼엽충이 들어 있는 퇴적암의 생성시기를 알아내는 일이다. 10여 년을 연구해 우리나라에서 산출되는 삼엽충 화석군의 현황을 알아낼 수 있었다. 그다음에는 삼엽충이 살았던 당시 한반도의 모습이 어떠했는지 궁금해졌다. 또 10여 년을 연구했더니 삼엽충이 살았던 5억 년 전 무렵 태백산분지는 오늘날의 서해처럼 얕은 바다였다는 사실을 알게 되었다. 나는 특히 캄브리아기 삼엽충을 중점적으로 연구했는데, 그 이유는 태백산분지의 삼엽충이 대부분 캄브리아기 지층에서 발견되었기 때문이다.

내가 삼엽충을 연구하기 시작했던 1986년 무렵 캄브리아기의 시작은 5억 7000만 년 전으로 알려져 있었다. 그런데 1994년 캄브리아기의 시작에 대한 새로운 개념이 정립되면서 캄브리아기의 시작은 5억 4400만 년 전으로 바뀌었다. 그 후 방사성 동위원소를 이용한 암석 연령과 지층에 관한 더욱 정확한 정보가 알려지면서 캄브리아기의 시작 연령은 조금씩 바뀌어 갔다. 캄브리아기의 시작은 2008년에 5억 4200만 년 전 그리고 2012년에는 5억 4100만 년 전으로 수정되었다. 그리고 2020년 발표된 최신 자료에는 캄브리아기의 시작이 5억 3880만 년 전으로 표기되어 있다.

지질시대의 연령은 왜 자주 바뀌는 걸까? 사실 우리가 교과서에서 만나는 지질시대는 고정된 개념이라고 생각하기 쉽다. 그런데 지질시대를 알아낸 것도 사람이고, 또 지질시대를 정하는 것도 사람이다 보니 좀 더 정확한 자료가 등장할 때마다 연령이 바뀌게 된다.

내가 지질시대에 관해 특별한 관심을 가지게 된 것은 2002년 국제캄브리아기층서위원회International Subcommission on Cambrian Stratigraphy의 상임위원으로 선임된 이후였다. 국제캄브리아기층서위원회의 상임위원은 20명 내외의 캄브리아기 관련 전문가들로 구성되며, 캄브리아기 내의 시대 구분과 층서에 관한 모든 사항을 결정할 때 투표권을 행사한다. 국제캄브리아기층서위원회는 국제층서위원회International Commission on Stratigraphy의 산하기관이고, 국제층서위원회는 국제지질과학연맹International Union of Geological Sciences의 산하기관이다. 국제층서위원회는 지질시대와 관련된 모든 사항을 결정하고 승인하는 국제기구로 산하에 17개의 시대별 소위원회를 거느리고 있다. 각 시대별 층서위원회에서 지질시대에 관한 어떤 새로운 결정이 이루어졌을 때, 그 결정은 국제층서위원회와 국제지질과학연맹의 승인을 받은 후에 효력이 발생한다. 지질시대에 관심이 있는 사람은 국제층서위원회 홈페이지(https://stratigraphy.org)를 방문하면 지질시대에 관한 최신 정보를 접할 수 있다.

우리가 지구의 역사를 편찬하려고 할 때, 일어난 사건을 시대순에 따라 기술할 텐데, 그때 각 지질시대의 시작과 끝을 명확히 정하는 일이 무엇보다도 중요하다. 한 지질시대의 끝은 다음 지질시대의 시작과 같다. 현재 국제층서위원회에서 정한 규정에 의하면, 각 지질시대의 시작은 특정한 지역의 특정한 단면에서 발견된 특정한 화석 또는 사건을 기준으로 정해진다. 지구상 어딘가에 한 지질시대를 대표하는 시작점이 정해지면, 해당 국가에서는 그곳에 기념비를 세워 보호해야 한다. 이처럼 국제 표준의 지질시대 시작점이 중요하다는 생각에서 지질학자들은 지질시대의 시작점을 '황금못golden spike'이라고 부른다. 그러므로 황금못은 지구 역사 편찬의 이정표라고 말할 수 있다.

이 책에서는 지질시대란 무엇이며, 현재 각 지질시대는 어떻게 이해되고 있는지 소개하려고 한다. 제1장에서는 사람들이 '지질시대'라는 개념을 알아낸 과정을 알아보았다. 지질시대는 크게 명왕누대, 시생누대, 원생누대, 현생누대로 나뉘며, 각 누대累代는 여러 개의 대代로 나뉜다. 지질시대 중에서 기본이 되는 단위는 기紀다. 예를 들면, 캄브리아기, 쥐라기 등이다. 여러 개의 기가 묶여서 대代가 되고, 기를 나누면 세世 그리고 세를 나누면 절節이 된다.

현생누대는 캄브리아기 이후 지금까지의 기간을 아우르는 시대로, 시대 구분이 잘 되어 있다. 하지만 캄브리아기 이전인 명왕누대, 시생누대, 원생누대의 시대 구분은 거의 이루어지지 않았다. 그래서 명왕누대, 시생누대, 원생누대를 묶어 '제2장 선캄브리아시대'에서 포괄적으로 다루었다. 현재 지질시대의 개념이 확립된 시대는 선캄브리아시대의 마지막 시대인 에디아카라기와 그 이후의 시대다. 그래서 제3장-제15장에서 에디아카라기, 고생대의 6개 기(캄브리아기, 오르도비스기, 실루리아기, 데본기, 석탄기, 페름기), 중생대의 3개 기(트라이아스기, 쥐라기, 백악기), 신생대의 3개 기(고진기, 신진기, 제4기)를 시대순에 따라 기술했다.

각 장의 도입부에서 그 지질시대에서 일어났던 중요한 지질학적 또는 생물학적 사건을 소개한 다음, 그 이름의 유래와 지질시대의 시작에 대해서 알아보았다. 그다음에 각 지질시대의 시대 세분은 어떻게 이루어졌으며, 현재 어떤 상황에 있는지 서술했다. 지질시대의 시대 세분은 대학원과정 이상의 전문가들을 위해 썼기 때문에 내용이 어렵기도 하고, 읽기에 지루할 수도 있다. 지질시대의 시대 세분에 관심이 없는 독자들은 이 부분을 읽지 않고 건너뛰어도 전체적인 맥락을 이해하는 데 문제가 없을 것으로 생각된다.

마지막 제16장은 '한반도 지질계통'으로, 앞에서 알아본 지질시대가 한반도에서는 어떻게 적용되고 있는지 소개했다. 특히 지질시대와 관련해 연구가 잘 이루어진 신원생대와 고생대를 중심으로 한반도의 지사地史를 요약했다.

나는 이 책이 지질학을 전공하려는 학생들뿐만 아니라 지구의 역사에 관심을 가진 사람들이 지질시대의 개념을 이해하는 데 도움이 될 수 있기를 기대한다. 2018년 봄, '지질시대'를 주제로 책을 쓰기로 마음먹고 집필을 시작한 후 출판하기까지 4년이 넘게 걸렸다. 그동안 지질시대에 관한 나의 집필을 성원해 준 서울대학교 지구환경과학부의 동료 교수들께 심심한 사의謝意를 표한다. 지질시대 중 작은 단위인 절節의 명칭을 한글로 표기하는 데 충북대학교 이동찬 교수의 도움이 컸다. 아울러 이 원고의 최종본을 읽고, 일반인의 입장에서 좋은 의견을 준 나의 아내에게도 고마움을 전한다. 끝으로 이 책의 출판을 도와준 서울대학교출판문화원에 감사의 뜻을 전한다.

2022년 가을

관악산 도산제詢山齊에서

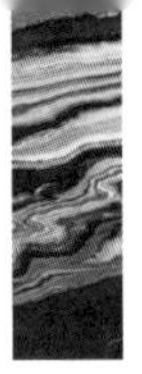

차례

책머리에 • v

제1장 지질시대와 지질학적 시간

1. 지질시대란? • 3
2. 상대적 시간 • 5
3. 절대적 시간 • 14
4. 지질시대의 경계: 황금못 • 19
5. 층서단위의 종류 • 22

제2장 선캄브리아시대

1. 선캄브리아시대의 세분 • 32
2. 명왕누대 • 36
3. 시생누대 • 38
4. 원생누대 • 39
5. 신원생대 눈덩이지구 빙하시대 • 42

제3장 에디아카라기

1. 에디아카라 동물군 • 53
2. 에디아카라기의 시작 • 57
3. 에디아카라기의 시대 세분 • 58

제4장 **캄브리아기**

1. 캄브리아기의 유래 • 65
2. 캄브리아기의 시작 • 70
3. 캄브리아기의 시대 세분 • 75

제5장 **오르도비스기**

1. 오르도비스기의 유래 • 88
2. 오르도비스기의 시작 • 91
3. 오르도비스기의 시대 세분 • 95

제6장 **실루리아기**

1. 실루리아기의 유래 • 108
2. 실루리아기의 시작 • 109
3. 실루리아기의 시대 세분 • 111

제7장 **데본기**

1. 데본기의 유래 • 124
2. 데본기의 시작 • 127
3. 데본기의 시대 세분 • 128

제8장 **석탄기**

1. 석탄기의 유래 • 139
2. 석탄기의 시작 • 140
3. 석탄기의 시대 세분 • 141

제9장 **페름기**

1. 페름기의 유래 • 152
2. 페름기의 시작 • 154
3. 페름기의 시대 세분 • 154

제10장 **트라이아스기**

1. 트라이아스기의 유래 • 168
2. 트라이아스기의 시작 • 169
3. 트라이아스기의 시대 세분 • 170

제11장 **쥐라기**

1. 쥐라기의 유래 • 182
2. 쥐라기의 시작 • 183
3. 쥐라기의 시대 세분 • 184

제12장 **백악기**

1. 백악기의 유래 • 202
2. 백악기의 시작 • 203
3. 백악기의 시대 세분 • 204

제13장 **고진기**

1. 고진기의 유래 • 220
2. 고진기의 시작 • 222
3. 고진기의 시대 세분 • 224

제14장 신진기

1. 신진기의 유래 • 245
2. 신진기의 시작 • 246
3. 신진기의 시대 세분 • 246

제15장 제4기

1. 제4기의 유래 • 263
2. 제4기의 시작 • 265
3. 제4기의 시대 세분 • 268

제16장 한반도 지질계통

1. 지질 개요 • 283
2. 한반도의 지사 요약 • 286

찾아보기 • 301

표와 그림 차례

표 1. 18세기의 생성 순서에 따른 암석 분류 • 7
표 2. 홈스가 제시한 지질시대의 시점과 최근 자료와의 비교 • 19
표 3. 지질시대와 황금못이 정해진 곳 • 23
표 4. 시간층서단위와 지질시간단위의 관계 • 26
표 5. 선캄브리아시대의 지질시대 세분 • 35
표 6. 에디아카라기의 지질시대 세분 • 60
표 7. 캄브리아기의 지질시대 세분 • 76
표 8. 오르도비스기의 지질시대 세분 • 97
표 9. 실루리아기의 지질시대 세분 • 113
표 10. 데본기의 지질시대 세분 • 129
표 11. 석탄기의 지질시대 세분 • 143
표 12. 페름기의 지질시대 세분 • 155
표 13. 트라이아스기의 지질시대 세분 • 171
표 14. 쥐라기의 지질시대 세분 • 185
표 15. 백악기의 지질시대 세분 • 205
표 16. 고진기의 지질시대 세분 • 224
표 17. 신진기의 지질시대 세분 • 247
표 18. 국제층서위원회에서 제시한 제4기의 시대 구분 변천과정 • 267
표 19. 제4기의 지질시대 세분 • 269
표 20. 신원생대 옥천누층군의 층서 종합 • 288
표 21. 전기 고생대 조선누층군의 층서 종합 • 291
표 22. 후기 고생대 평안누층군의 층서 종합 • 295

그림 1. 지질시대의 이름이 제안된 장소와 연도 • 15
그림 2. 도버해협의 백악층으로 이루어진 절벽 • 203
그림 3. 한반도 지질계통 요약 • 284

제1장

지질시대와 지질학적 시간

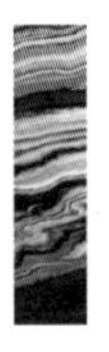

지구의 나이는 약 46억 살로 알려져 있다. 그러나 이 내용이 학계에서 정설로 받아들여진 것은 20세기 중반의 일이며, 20세기 초만 해도 지구의 나이가 1억 살을 넘으리라고 생각한 사람은 없었다. 지구는 약 46억 년 전에 태어나서 다양한 사건을 겪은 후 오늘날 우리가 살고 있는 지구의 모습을 갖추게 되었고, 앞으로 적어도 50억 년은 더 행성으로서의 활동을 이어갈 것이다.

지구가 탄생한 이후 지내 온 과정을 연구하는 분야가 지질학地質學이다. 지질학을 좀 더 자세히 풀어쓰면, 지구를 이루고 있는 물질, 지구의 내부구조, 그리고 시간의 흐름에 따라 지구에서 일어났던 여러 가지 사건을 연구하는 자연과학의 한 분야라고 말할 수 있다. 지질학은 연구과정에서 항상 시간을 고려한다는 점에서 자연과학의 다른 분야와 뚜렷이 구분된다. 현재 지질학에서 다루고 있는 시간 개념을 사람들은 어떻게 알게 되었을까?

1. 지질시대란?

우리가 역사와 관련해 쓰고 있는 용어 중에 역사시대, 선사시대, 지질시대 등이 있다. 역사시대歷史時代는 사람들이 자신들의 활동을 문자로 남기기 시작한 이후의 시대를 말한다. 중동지역의 수메르Sumer인이 사용했던 쐐기문자가 기원전 4000년 무렵부터 쓰였으므로 역사시대는 약 6000년 전부터 현재까지의 기간이다. 역사시대 이전은 보통 선사시대로 불린다. 그러므로 선사시대先史時代는 길게는 지구의 탄생에서 역사시대 이전까지의 기간이겠지만, 좁은 의미의 선사시대는 문자가 만들어지기 이전에 사람들이 남긴 유물을 통해서 알 수 있는 시대다. 역사시대와 선사시대는 엄격한 의미에서 인류와 관련된 시대를 말하며, 인류가 남긴 도구의 흔적이 거의 300만 년 전까지 거슬러 올라가니까 선사시대는 300만 년 전부터 6000년 전까지의 기간이라고 말할 수 있다. 선사시대는 다시 구석기시대, 신석기시대, 청동기시대로 나뉜다.

역사시대와 선사시대는 역사학에서 사용되는 용어이며, 지질학에서 지구의 역사를 다룰 때는 지질시대라고 말한다. 지질시대地質時代의 정의에는 크게 세 가지가 있다. 첫째, 가장 넓은 의미의 지질시대는 지구의 탄생에서 현재까지의 기간이다. 둘째, 지구상에서 알려진 가장 오래된 암석(약 40억 년 전)의 시기에서 현재까지의 기간이다. 셋째, 좁은 의미의 지질시대는 지구상에서 가장 오래된 암석의 시기에서 역사시대 이전(약 6000년 전)까지의 기간이다.

일반적으로 역사를 서술하기 위해서는 과거에 일어났던 사건을 시간 순서에 따라 정리하고, 그 사건이 언제, 어디에서, 어떻게 일어났는지 알아야 한다. 지구의 역사를 서술할 때 사용되는 지질학적 시간geologic time 개념에는 두 가지가 있다. 하나는 옛날에 지구에서 일어났던 사건의 선후관계를 다루는 상대적 시간relative time이며, 다른 하나는 사건이 일어났던 때를 수치(또는 연령)로 표현하는 절대적 시간absolute time이다.

우리가 암석의 절대 연령을 측정할 수 있게 된 것은 20세기에 접어들어 방사성 동위원소의 특성을 알고 난 이후였다. 그런데 우리가 지금 쓰고 있는 지질시대의 이름(예를 들면, 고생대, 중생대, 신생대, 캄브리아기, 플라이스토세 등)이 문헌에 등장한 것은 대부분 19세기 전반이었다. 이는 사람들이 암석의 절대 연령을 알기 훨씬 이전에 암석의 상대적 생성 순서를 이해했다는 뜻이므로 지질학적 시간 개념 중에서 먼저 등장한 것은 상대적 시간이다.

2. 상대적 시간

1) 17-18세기의 암석 연구와 수성론

우리의 주변에 흔한 바위와 돌에도 생성 순서가 있다는 것을 알아낸 최초의 학자는 덴마크 출신의 의사이며 주로 이탈리아에서 연구 활동을 펼쳤던 스테노Nicolaus Steno(1638-1686)였다. 스테노는 높은 산에서 상어의 이빨이나 조개껍질 같은 해양생물의 유해가 화석으로 나오는 것을 보고, 아주 오래전에 지구가 모두 물속에 잠겼던 적이 있었다는 논문을 발표했다(Steno, 1669). 17세기 중엽에 발표된 스테노의 이론을 요약하면 다음과 같다.

① 암석은 생성 순서에 따라 몇 단계로 나뉘며, ② 화석은 옛날에 살았던 생물의 유해고, ③ 지층은 원래 지표면에 수평으로 쌓였으며, ④ 아래에 있는 지층은 위에 있는 지층보다 먼저 쌓였다는 내용이다. 이 중 ③은 지층 수평성의 원리principle of original horizontality 그리고 ④는 지층 겹쌓임의 법칙(또는 누중의 법칙)law of superposition으로

불리며, 지질학이 자연과학의 새로운 분야로 탄생하는 데 밑거름이 되었다. 스테노는 논문에서 시간의 흐름에 따라 생성되는 암석의 종류가 다르다는 점을 명확히 보여 주었지만, 사람들이 스테노의 이론을 받아들여 암석을 연구하기까지는 100년을 더 기다려야 했다. 스테노는 100년을 앞서 살았던 과학자였다.

18세기 들어 유럽에서 암석의 생성 순서에 관한 연구가 활발해졌다. 그중 대표적 학자로 독일의 레만Johann Lehmann(1719-1767)과 베르너Abraham Werner(1749-1817) 그리고 이탈리아의 아르두이노Giovanni Arduino(1714-1795)를 들 수 있다(표 1).

레만은 독일 중부 하르츠Harz산맥 일대를 조사해 1756년 연구결과를 발표했는데, 암석을 생성 순서에 따라 크게 세 그룹으로 나누었다. 첫째, 산맥 중앙부에 분포하는 화강암과 결정질 암석을 광석암군鑛石岩群이라고 불렀는데, 그 이유는 이 암군에 유용한 금속광물이 들어 있었기 때문이다. 레만도 스테노처럼 먼 옛날 전 지구를 덮는 바다가 있었고, 이 바다에 맨 처음 생성되었던 광석암군은 바닷물이 물러난 후에 뭍으로 드러났다고 생각했다. 둘째, 산맥의 가장자리에는 광석암군 위에 층을 이룬 암석들이 놓여 있었는데 이를 성층암군成層岩群이라고 불렀다. 성층암군에는 화석이 들어 있었으므로 이 암석들은 노아의 홍수 때 쌓였다고 생각했다. 셋째, 산기슭에 있던 굳지 않은 퇴적물을 충적암군沖積岩群이라고 불렀는데, 이 암군은 지구의 역사에서 그다지 중요하지 않다고 생각했다.

레만이 알프스산맥 북쪽에서 연구하고 있었을 무렵, 알프스산맥 남쪽에서는 아르두이노가 비슷한 연구를 하고 있었다. 1760년, 아르두이노는 이탈리아 북부 지역을 조사해 암석을 생성 순서에 따라 4부분으로 나누었다. 레만과 마찬가지로 광석을 많이 포함하는 결정질 암석을 제1기 암군Primary Mountains, 그 위를 덮는 화석을 많이 포함하는 석회암을 제2기 암군Secondary Mountains, 제2기 암군을 덮는 모래나 자갈로 이루어진 퇴적암을 제3기 암군Tertiary Mountains, 그리고 하천 주변에서 볼 수 있는 퇴적물을 제4기 단위Fourth Order라고 불렀다.

당시 레만과 아르두이노는 독자적으로 연구했으리라 짐작되는데도 불구하고, 두 사람의 연구결과가 비슷하다는 점에서 놀랍다. 암석을 생성 순서에 따라 3-4개로 나눈 것이나 층리層理와 화석의 존재 유무를 중요하게 다루었다는 공통점이 있다. 이들의 암석 생성 순서 분류 체계는 18세기 후반 독일의 베르너에 의해 유럽의 학계로 널리 퍼져나가면서 수성론水性論으로 불리게 된다.

베르너를 수성론의 대표적 학자로 내세운 것은 프라이베르크 광산기술대학Technische Universität Bergakademie Freiberg의 교수였던 베르

표 1. 18세기의 생성 순서에 따른 암석 분류

레만 (1756)	아르두이노 (1760)	베르너 (1800년 전후)	현재의 지질시대와 비교
충적암군	제4기 단위	충적암군	신생대
	제3기 암군	화산암군	
성층암군	제2기 암군	성층암군	중생대
			고생대
광석암군	제1기 암군	중간암군	
		원시암군	선캄브리아시대

너에게 배운 유학생들이 고국에 돌아가 베르너의 이론을 전파했기 때문이다. 베르너의 논문 중에서 유명한 것은 「여러 가지 암석의 간단한 분류와 기재」(Werner, 1787)다. 이 논문에서 베르너는 암석을 생성순서에 따라 원시암군, 성층암군, 화산암군, 충적암군의 네 가지로 구분했는데, 앞서 소개한 레만이나 아르두이노의 분류 체계를 정리한 것이다.

가장 오래된 원시암군原始岩群은 결정질 암석으로 이루어지는데, 예를 들면 화강암, 편마암, 대리암, 규암 등이다. 이 암군에는 화석이 없으며, 철이나 주석처럼 유용한 광물들이 들어 있다. 성층암군成層岩群은 원시암군 위에 놓이며, 화석이 많고 층리가 잘 보이는 석회암, 사암, 이암, 석탄, 암염, 석고 등이 포함되었다. 화산암군火山岩群은 화산분출에 의해 생성된 용암, 부석pumice, 응회암 등을 포함한다. 가장 젊은 충적암군沖積岩群에는 원시암군이나 성층암군 또는 화산암군에 속하는 암석이 풍화되어 쌓인 퇴적물을 포함시켰다. 이 충적암군은 골짜기나 낮은 지대를 채우는 점이 특징이다. 시간이 흘러 암석에 대한 지식이 늘어남에 따라 1796년 베르너는 예전의 암석 분류 체계에서 원시암군과 성층암군 사이에 중간암군中間岩群을 새롭게 추가했다. 중간암군에 속하는 암석은 겉보기에 원시암군과 비슷하지만, 층리가 있고 화석이 들어 있는 점에서 성층암군과 비슷했다.

2) 동물군 천이의 법칙

18세기 후반, 유럽 과학계에서는 지층 겹쌓임의 법칙과 수성론을 바탕으로 지구의 암석을 시대에 따라 크게 네 부분으로 구분할 수 있었다. 그러나 유럽 곳곳에서 자세한 조사가 이루어지면서 암석을 단지 4개의 시대로 구분하는 일에 문제가 있음을 알게 되었다. 이 문제를 해결해 준 것은 바로 화석이다. 화석化石은 암석 속에 들어 있는 옛날에 살았던 생물의 유해 또는 흔적이다.

지층의 상대적 생성 순서를 알아내는 데 화석이 중요하다는 사실을 맨 처음 알아챈 사람은 영국의 스미스William Smith(1769-1839)였다. 원래 토목기사였던 스미스는 당시 산업혁명에 발맞추어 영국 곳곳에서 벌어졌던 도로와 운하 건설공사에 종사하고 있었다. 산을 깎아 도로와 운하를 건설하는 과정에서 스미스는 취미활동으로 화석을 채집하기 시작했다. 스미스는 채집한 암석과 화석의 위치를 지도에 표시하고 정리하는 과정에서 특정한 지층에서는 특정한 화석이 산출되며, 화석의 산출 양상에 규칙성이 있음을 알게 되었다. 그래서 그는 오랜 경험을 통해 화석만 보고도 그 화석이 산출된 장소와 지층을 알 수 있게 되었다고 한다. 이처럼 지층에 따라 산출되는 화석군이 다르며, 시간이 흐름에 따라 화석군의 내용이 조금씩 바뀌어 간다고 하는 원리를 동물군 천이遷移의 법칙principle of faunal succession이라고 부른다.

그 무렵 프랑스에서도 스미스와 비슷한 생각을 독자적으로 알아낸 학자가 있었는데, 저명한 동물학자 퀴비에Georges Cuvier(1769-1832)였다. 주로 파리 부근을 연구했던 퀴비에는 지층에 따라 산출되는 화석의 종류가 다를 뿐만 아니라 옛날에 살았던 생물 중 멸종한 종류가 있다는 사실도 알아냈다. 그런데 퀴비에는 생물이 멸종한 것은 노아의 홍수 같은 천재지변 때문이라고 생각했고, 그래서 그의 이론은 격변설激變說 또는 천변지이설天變地異說로 불린다.

스미스나 퀴비에가 활동했던 19세기 초는 진화론이 등장하기 이전이었다. 그럼에도 불구하고 스미스와 퀴비에는 화석을 이용해 암석의 상대적 시대를 알 수 있다는 사실을 명확하게 보여 주었다. 찰스 다윈Charles Darwin(1809-1882)이 저술한 『종의 기원』(Darwin, 1859)과 함께 탄생한 진화론進化論은 화석 연구에 의해 지구의 역사를 편찬할 수 있는 이론적 바탕을 제공해 주었다. 즉, 오늘날 지구 생물계는 처음부터 지금과 같은 모습으로 존재했던 것이 아니고, 아주 오랜 옛날 지구상에 처음 출현했던 원시적인 생물이 오랜 시간을 거치면서 복잡해지고 다양해져 오늘날의 생물계가 만들어졌다는 것이다. 생물계는 끊임없이 변해 새로운 종류가 나타나기도 하고, 한때 지구상에 살았던 생물 중에서 어떤 종류는 사라지기도 했다. 한번 멸종된 생물이 먼 훗날 다시 나타나는 경우는 없다. 이러한 생물 진화의 비가역성非可逆性을 바탕으로 화석을 연구하면, 암석 속에 들어 있는 상대적 시간을 알아낼 수 있다.

3) 19세기에 제안되었던 지질시대

베르너의 수성론에 영향을 받은 19세기 유럽 과학자들은 자신이 살고 있던 지역을 자세히 조사하는 과정에서 암석을 더욱 세분할 수 있게 되었고, 지층에 따라 산출되는 화석군이 다르다는 사실로부터 지층의 상대적 생성 순서를 알게 되었다. 그런데 현재 우리가 알고 있는 지질시대표는 어느 한 사람의 제안에 의해 만들어진 것이 아니며, 특정 위원회에서 한꺼번에 정해진 것도 아니다. 19세기에 들어서면서 유럽 곳곳에서 독자적으로 연구하고 있던 학자들이 암석을 연구하는 과정에서 새로운 지질시대명을 제안했고, 그중에서 후대의 학자들에 의해 자주 사용되었던 용어들이 모여 지금 우리가 알고 있는 지질시대표가 만들어졌다. 아래에 현재 지질시대표에 수록된 시대명이 처음에 어떻게 등장했는지 제안된 순서에 따라 소개한다.

우리가 쓰고 있던 지질시대의 이름 중에서 가장 일찍 등장한 것은 제3기Tertiary로 1760년 이탈리아의 아르두이노에 의해 제안되었다. 앞서 기술한 것처럼, 제3기는 제1기와 제2기 암군 다음에 생성되었다는 의미로 쓰였으며, 주로 모래와 자갈로 이루어진 퇴적암에 사용되었다. 그 후, 제1기와 제2기라는 용어는 거의 사용되지 않았지만, 제3기는 20세기 말까지도 널리 통용되었다. 그런데 21세기에 들어서면서 '제3기'라는 지질시대명은 더 이상 공식적으로 사용되지 않으며, 예전의 제3기는 현재 고진기Paleogene와 신진기Neogene로 나뉘었다.

1799년 독일의 자연과학자 훔볼트Alexander von Humboldt(1769-1859)는 스위스의 쥐라Jura산맥을 조사하면서 높은 절벽을 이루고 있는 석회암층에 쥐라 석회암Jura Kalkstein이라는 용어를 사용했다. 당시 수성론을 바탕으로 암석을 조사했던 훔볼트는 이 용어가 베르너의 암석 분류 체계를 보완할 수 있을 것으로 생각했다. 여기에서 유래한 '쥐라기Jurassic'라는 용어는 1839년 독일의 지질학자 부흐Leopold von Buch(1774-1853)에 의해 현재와 같은 의미로 쓰이기 시작했다.

쥐라산맥에서 서쪽으로 가면 쥐라 석회암은 땅 밑으로 사라지고, 그 위에 마치 백묵처럼 하얀 석회암층이 놓여 있다. 프랑스 북부의 영국해협 일대를 조사하고 있던 벨기에의 지질학자 도말리우스 달로이Jean Baptiste Julien d'Omalius d'Halloy(1783-1875)는 1822년 이 하얀 석회암층에 '백악기Cretaceous'라는 이름을 붙였다.

영국에는 석탄층이 곳곳에 분포한다. 1822년 영국의 지질학자 코니베어William Conybeare(1787-1857)와 필립스William Phillips(1775-1828)는 석탄층을 포함하는 지층에 '석탄기Carboniferous'란 용어를 사용했다. 석탄기 지층은 크게 두 부분으로 나뉘는데, 아랫부분은 주로 사암과 석회암 그리고 윗부분은 주로 석탄층으로 이루어졌다.

프랑스의 파리Paris 분지에는 백악기 석회암층 위에 모래, 진흙, 석회암 등이 섞인 두꺼운 제3기층이 분포하며, 그 위에는 보통 충적암층이라고 불리던 굳지 않은 퇴적물이 놓여 있다. 1829년 프랑스의 지질학자 데누아예Jules Desnoyers(1800-1887)는 이 퇴적물에 '제4기Quaternaire'라는 이름을 붙였다.

쥐라산맥 부근의 쥐라기 지층 밑에는 붉은색 사암/이암층이 있는데, 이 암석은 북쪽의 라인강 골짜기를 따라 넓게 드러나 있다. 이 암석을 자세히 관찰해 보면 맨 아래는 붉은색 사암/이암층, 그 위에 석회암층, 그리고 또 그 위에 회색 사암/이암층 순으로 놓여 있다. 이 지역을 조사했던 독일의 지질학자 알베르티Friedrich von Alberti(1795-1878)는 이처럼 세 부분으로 이루어진 지층이 매우 특이하다는 생각에 1834년 '트라이아스Trias'라는 이름을 붙였다.

위에 소개한 6개 지질시대 중에서 석탄기를 제외한 나머지는 유럽 대륙에서 그 이름이 붙여졌다. 그리고 트라이아스기, 쥐라기, 백악기는 중생대에 그리고 제3기와 제4기는 신생대에 속하며, 석탄기만 고생대에 해당한다. 고생대의 나머지 지질시대에는 캄브리아기, 오르도비스기, 실루리아기, 데본기, 페름기가 있다. 이 중에서 캄브리아기, 오르도비스기, 실루리아기라는 이름이 정해지는 과정에 얽힌 흥미로운 이야기가 있다.

19세기 초엽 영국 웨일스Wales 지방의 암석은 베르너의 암석 분류 체계에 따르면 중간암군에 속하는 것으로 알려져 있었다. 이 지역에 대한 자세한 연구를 계획한 케임브리지 대학의 지질학 교수 세지윅Adam Sedgwick(1785-1873)과 아마추어 지질학자 머치슨Roderick Murchison(1792-1871)은 1831년 함께 야외조사를 시작했다. 세지윅은 웨일스 북서부 지방을 그리고 머치슨은 웨일스 남동부 지방을 조사했고, 그 연구결과를 종합한 논문(Sedgwick and Murchison, 1835)을 1835년 발표했다. 세지윅은 북서부 지역의 암석에 캄브리아계Cambrian System(웨일스 지방의 라틴어 이름인 '*Cambria*'에서 따옴)라는 이름을 붙였고, 머치슨은 남동부의 암석에 실루리아계Silurian System(웨일스 지방의 한 종족인 '실루리아인Silures'에서 따옴)라는 이름을 붙였다. 그런데 논문 발표 후 한참 지나서 캄브리아계의 상부 구간과 실루리아계의 하부 구간이 겹친다는 사실을 알게 되었고, 이후 두 사람은 이 문제를 가지고 격렬한 논쟁을 벌이면서 사이가 멀어지게 되었다. 캄브리아기 지층은 화석이 적고 암석이 심하게 변형된 반면, 실루리아기 지층에서는 화석이 풍부하게 산출된 덕분에 초반의 논쟁에서 머치슨이 승리를 거두었다(제4장 참조).

그 후 40여 년이 흐른 1879년, 영국의 고생물학자 랩워스Charles Lapworth(1842-1920)가 캄브리아계와 실루리아계가 겹친다고 하는 구간에서 산출되는 필석筆石 화석을 이용하면 시대 구분이 가능함을 알아냈고, 겹치는 구간에 오르도비스계Ordovician System(웨일스 지방의 또 다른 종족명 '오르도비스인Ordovices'에서 따옴)라는 새로운 시대명을 제안했다. 이 제안은 곧바로 받아들여지지는 않았지만, 훗날 캄브리아기-실루리아기 시대구분에 관한 오랜 논쟁을 해결하는 실마리를 제공해 주었다.

세지윅과 머치슨이 아직 좋은 관계를 유지하고 있던 1830년대 후반, 두 사람은 영국 데본Devon 지방에 대한 연구를 공동으로 수행했다. 데본 지방의 석탄층 아래에 있는 지층은 겉보기에 웨일스 지방의 암석과 비슷했지만, 그곳에서 산출되는 산호珊瑚 화석은 실루리아기와 석탄기의 중간형이었다. 이 사실을 바탕으로 두 사람은 1839년 '데본계Devonian System'라는 이름을 제안했다.

머치슨은 1839년 『실루리아계*The Silurian System*』란 저서를 발간하면서 유능한 지질학자로서의 명성을 얻게 되었다. 덕분에 그는 러시아 황제의 초청으로 우랄산맥 부근의 페름Perm 지방을 조사할 수 있는 기회를 얻었다. 머치슨은 그 지역에서 산출되는 화석이 매우 독특하다는 사실을 알아냈고, 1841년 그 지역의 지층에 '페름계Permian System'라는 이름을 붙였다.

위에서 지질시대의 이름이 처음 등장한 과정을 간략히 알아보았다. 특이한 점은 현재 우리가 쓰고 있는 지질시대의 이름이 모두 유럽에서 정해졌다는 사실이다(그림 1). 캄브리아기, 오르도비스기, 실루리아기, 데본기, 석탄기는 영국, 페름기는 러시아, 트라이아스기는 독일, 쥐라기는 스위스, 백악기와 제4기는 프랑스, 그리고 제3기는 이탈리아에서 정해졌다.

3. 절대적 시간

19세기 전반, 수성론을 대치하는 이론으로 등장한 동일과정설同一過程說은 현재 지구에서 일어나고 있는 자연현상이 과거에도 똑같

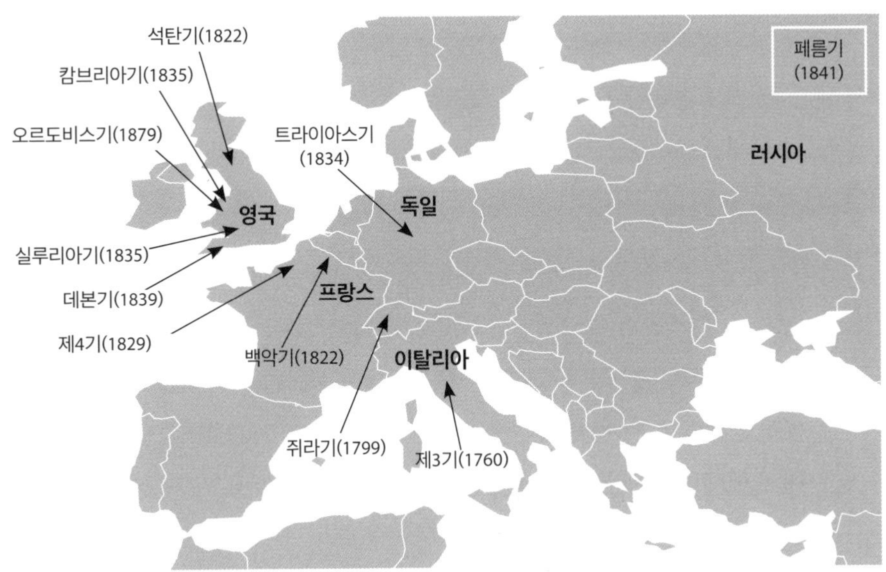

그림 1. 지질시대의 이름이 제안된 장소와 연도

이 일어났으며, 따라서 현재 지구에서 일어나고 있는 자연현상을 이해하면 과거에 지구에서 일어났던 일들을 알아낼 수 있다는 이론으로, 18세기 후반 영국의 허턴James Hutton(1726-1797)에 의해 제안되었다. 그 후 동일과정설을 바탕으로 지구를 연구했던 학자들은(예를 들면, 라이엘Charles Lyell(1797-1875), 다윈 등) 지구가 무한히 오래전에 탄생했다는 결론에 도달했다.

그러나 지구의 나이가 무한無限하다는 지질학자들의 주장이 어떤 과학자들에게는 비과학적으로 받아들여졌다. 지질학자들의 주장에 노골적으로 불만을 드러낸 대표적 학자는 영국의 저명한 물리학자 톰슨William Thomson(1824-1907)(켈빈Kelvin 남작으로 더 유명함)이었다.

켈빈은 지구가 원래 모두 용융되었던 상태에서 출발해 서서히 식어 왔다는 지구냉각설을 주장했고, 그 가설을 바탕으로 지구의 나이를 2000만-4000만 살로 제시했다.

켈빈이 그러한 지구의 나이를 제시했을 때 세 가지의 중요한 가정이 있었다. 첫째, 지구는 맨 처음 구성물질이 모두 녹은 상태에서 출발했고, 둘째, 지구와 태양의 에너지원은 이들이 태어날 당시 가지고 있던 중력 에너지인데, 이 에너지는 시간이 흐름에 따라 줄어들며, 셋째, 줄어든 에너지는 열손실로 나타나기 때문에 지구는 일정한 속도로 식어 간다는 점이었다. 첫 번째 가정은 옳아 보인다. 지구 탄생 초기에 지구의 겉 부분은 모두 녹은 상태였다. 두 번째 가정은 현재의 관점에서 보면 틀렸다. 중력 에너지 외에도 지구 내부에서 방사능 붕괴에 의한 열이 발생하기 때문이다. 두 번째 가정이 틀리면, 세 번째 가정은 자동적으로 틀린다. 따라서 잘못된 가정 위에 세워진 켈빈의 지구 나이는 틀릴 수밖에 없다. 하지만 당시 유럽 과학계에서 켈빈 경의 영향력이 무척 컸기 때문에 지구냉각설은 정설로 받아들여졌다.

19세기 후반 정설로 자리 잡았던 지구냉각설은 19세기 말 방사능放射能 발견에 의해 도전을 받게 된다. 독일의 물리학자 뢴트겐Wilhelm Röntgen(1845-1923)은 1895년 진공관에 전류를 흐르게 하는 실험을 하는 과정에서 진공관으로부터 이상한 광선이 나와 인화지를 감광시킨다는 사실을 알게 되었다. 하지만 그 광선이 무엇인지 몰랐기 때문에 뢴트겐은 이 광선을 X선이라고 불렀다.

이 발견에 이어서 1896년 프랑스의 물리학자 베크렐A. Henri Becquerel(1852-1908)은 우라늄 광물에서도 X선 비슷한 광선이 방출된다는 사실을 발견했다. 2년 뒤, 프랑스의 물리학자 퀴리 부부Marie Curie(1867-1934) & Pierre Curie(1859-1906)는 우라늄 광물로부터 라듐을 추출했는데, 라듐의 복사가 매우 강했기 때문에 그러한 성질을 방사능radioactivity이라고 불렀다.

1902년, 캐나다 맥길 대학의 러더퍼드Ernest Rutherford(1871-1937)와 소디Frederick Soddy(1877-1956)는 방사능과 관련된 다음과 같은 특성을 밝혀냈다. ① 라듐이나 다른 방사능원소에서 방출되는 선은 알파α, 베타β, 감마γ 등 세 종류의 입자로 이루어진다. ② 알파 입자는 2개의 양성자와 2개의 중성자로 이루어지므로 헬륨의 핵과 비슷하고 전기적으로는 양(+)이다. ③ 베타 입자는 전자電子와 같으며, 전기적으로는 음(-)이다. ④ 감마 입자는 전기적으로 중성이며, X선과 같고 모든 물질을 투과한다.

방사능원소는 끊임없이 입자들이 튕겨 나가면서 계속 다른 원소로 바뀌어 간다. 이처럼 한 방사능원소가 다른 원소로 바뀌어 가는 과정을 방사능붕괴radioactive decay라고 하며, 이 과정에서 열이 발생한다. 방사능붕괴 과정에서 열이 발생한다는 사실은 무척 중요하다. 왜냐하면 이는 지구가 꾸준히 식어 간다는 켈빈의 지구냉각설을 강력하게 부정하는 내용이기 때문이다.

1904년 러더퍼드는 『방사능*Radio-Activity*』이라는 저서에서 방사능원소는 외부의 온도와 압력 변화에 관계없이 일정한 속도로 붕괴하며, 그 붕괴속도는 원래 존재했던 방사능원소의 원자 수에 비례한다는 사실을 발표했다. 그리고 이 붕괴과정에서 생겨난 열이 지구를 연구하는 데 중요할 것이라는 내용을 덧붙였다. 이어서 1905년 러더퍼드는 미국 예일 대학 초청강연에서 방사능원소를 이용해 암석의 나이를 측정할 수 있다는 가설을 발표했다.

러더퍼드의 가설을 검증하기 위한 최초의 실험은 1907년 미국의 화학자 볼트우드Bertram B. Boltwood(1870-1927)에 의해 시도되었다. 그는 만약 러더퍼드의 가설이 옳다면 다음 세 경우가 모두 성립해야 한다고 생각했다. ① 같은 나이의 암석에 들어 있는 우라늄-납의 비율은 같아야 한다. ② 나이가 다른 여러 암석의 우라늄-납의 비율을 비교하면, 납의 양은 오래된 암석에서 많고 젊은 암석에는 적어야 한다. ③ 같은 나이의 암석에서 변성을 받은 광물과 변성을 받지 않은 광물의 우라늄-납의 비율을 비교하면, 변성을 받은 광물에 들어 있는 납의 비율이 낮아야 한다. 왜냐하면, 납은 변성작용을 받으면 쉽게 다른 곳으로 옮겨 가기 때문이다.

볼트우드는 시대가 다른 10지역에서 채집된 43개의 광물알갱이에 들어 있는 우라늄과 납의 양을 분석해 러더퍼드의 가정이 옳음을 확인했고, 나아가 우라늄 최종 붕괴산물이 납이라는 사실도 밝혀냈다. 이때, 볼트우드가 측정한 암석의 나이 중에서 가장 오랜 것은 스리랑카의 한 암석 시료에서 측정된 약 22억 살이었다. 예전에 켈빈이 제시했던 지구 나이 2000만-4000만 살이 틀렸음을 입증하기에 충분한 수치였다.

이후, 방사능원소를 이용한 암석의 연령 측정 연구에 크게 공헌한 학자는 영국의 홈스Arthur Holmes(1890-1965)였다. 홈스는 영국 임페리얼 대학 물리학과를 졸업한 후, 방사능 동위원소를 이용한 암석의 연령 측정을 박사과정의 연구 주제로 정했다. 홈스는 그 후 50여 년 동안 오로지 암석의 연령 측정에 관한 연구에 매진했다. 홈스가 여러 차례에 걸쳐 수정한 지질시대의 절대연령을 2020년 국제층서위

표 2. 홈스가 제시한 지질시대의 시점과 최근 자료와의 비교

(단위: 100만 년 전)

지질시대	홈스			국제층서위원회
	(1937년)	(1947년)	(1960년)	(2020년)
제3기	68	58-68	68-72	66.0
백악기	108	127-140	130-140	143.1
쥐라기	145	152-167	175-185	201.4
트라이아스기	193	182-196	220-230	251.9
페름기	227	203-220	265-275	298.9
석탄기	275	255-275	345-355	359.3
데본기	313	313-318	390-410	419.0
실루리아기	341	350	430-450	443.1
오르도비스기	392	430	485-515	486.9
캄브리아기	470	510	580-620	538.8

원회에서 제시한 자료와 비교하면 표 2와 같다.

4. 지질시대의 경계: 황금못

앞 절에서 지질시대 이름이 제안된 과정을 간략히 알아보았다. 가장 일찍 제안된 지질시대는 제3기로 1760년이었으며, 가장 늦게 제안된 시대는 오르도비스기로 1879년이었다. 그러므로 현재 우리가 쓰고 있는 지질시대의 이름이 모두 등장하기까지 거의 120년이 걸린 셈이다. 그러면 이처럼 제안된 지질시대의 구분은 논리적으로 문제가 없을까?

여기서 잠시 눈을 돌려 한 나라의 역사를 편찬할 때 시대 구분을 어떻게 하는지 알아보기로 하자. 우리는 어렸을 때부터 우리나라 역사를 고조선, 삼국시대, 통일신라시대, 후삼국시대, 고려, 조선 순으로 배워 왔다. 이러한 시대 구분은 한 왕조의 지속기간에 의해 정해진다. 예를 들면, 고려는 왕건이 후삼국을 통일한 918년에 시작해 이성계가 조선을 건국한 1392년에 끝났고, 조선은 1392년에 시작해 고종이 대한제국을 선포한 1897년에 끝났다. 이처럼 한 나라의 역사에서는 왕조의 시작과 끝이 명확하기 때문에 각 시대의 경계를 정하는 일이 어렵지 않다.

현재 우리가 쓰고 있는 지질시대에는 등급이 있다. 예를 들면, 고생대, 중생대, 신생대처럼 대代, Era가 있고, 그보다 작은 등급으로 캄브리아기와 쥐라기 같은 기紀, Period가 있다. 기보다 작은 등급으로 세世, Epoch가 있고, 세보다 더 작은 등급으로 절節, Age이 있다. 대보다 큰 등급으로는 누대累代, Eon라는 용어도 있다. 그러면, 이들 지질시대의 경계는 어떻게 정해졌을까?

고생대는 캄브리아기, 오르도비스기, 실루리아기, 데본기, 석탄기, 페름기로 이루어진다. 이 중에서 앞의 다섯 시대는 모두 영국에서 정해졌고, 페름기만 러시아의 우랄산맥 부근에서 정해졌다. 그리고 그 위에 오는 트라이아스기, 쥐라기, 백악기, 제3기, 제4기는 모두 유럽의 여러 지역에서 정해졌다. 서로 붙어 있는 지역에서 정해진 지질시대의 경우(예를 들면, 캄브리아기, 오르도비스기, 실루리아기)는 위아래의 시대를 구분하는 일에 큰 문제가 없어 보인다. 그런데 석탄기가 정해진 영국과 페름기가 정해진 우랄산맥은 4500킬로미터 이상 떨어져 있다. 이처럼 멀리 떨어져 있는 경우, 석탄기와 페름기의 경계를 구분하는 일이 가능할까?

현재 우리가 쓰고 있는 지질시대의 이름은 모두 유럽에서 명명되었는데, 유럽에서 정해진 지질시대를 전 세계적으로 사용하는 데 아무런 문제가 없을까? 19세기의 지질학자들은 각 지질시대의 암석은 전 지구적인 조산운동 또는 지각변동에 의해 구분될 수 있다고 믿었다. 이러한 생각의 바탕에는 당시 학계에서 받아들였던 천변지이적 사고가 중요하게 작용했을 것이다. 그러나 연구가 진행됨에 따라 전 지구적으로 일어나는 조산운동은 없었다는 사실을 알게 되었고, 따라서 조산운동에 의한 시대 구분은 의미가 없음을 알게 되었다. 여기서 기억해야 할 것은 어느 곳에서 조산운동이 일어나고 있을 때도 지구상 어딘가에서는 퇴적작용이 일어나고 있다는 점이다. 그러므로 지구 곳곳에 남겨진 모든 기록을 잘 정리하면, 지구 역사를 빠뜨리지 않고 편찬하는 일이 가능해질 것이다.

모든 지질시대의 경계는 객관적이고 명확해야 한다는 지질학자들의 고민은 20세기 후반에 접어들면서 해결해야 할 중요한 과제로 등장했다. 그래서 지질시대에 관한 문제를 전문적으로 다루기 위한 국제기구로 1952년에 국제층서용어위원회International Subcommission on Stratigraphic Terminology가 발족되었고, 이 위원회의 이름은 1965년 국제층서분류위원회International Subcommission on Stratigraphic Classification로 바뀌었다. 국제층서분류위원회에서는 오랜 토론과 논쟁을 통해 각 지질시대의 경계는 특정한 지역의 특정한 단면에서 특정한 층준層準을 기준으로 정한다는 원칙을 세웠는데, 1970년대 중반의 일이었다(Walsh et al., 2004). 현재 이 기준은 'Global Stratotype Section and Point'(보통 GSSP로 표기함)로 불리며, 번역하면 세계표준층서단면·점

世界標準層序斷面·點이다. 지질학자들은 세계표준층서단면·점을 '황금못 golden spike'이라는 별칭으로 부르기도 하는데, 이는 지질시대의 경계를 구분하는 기준점이 무척 중요하기 때문에 그곳에 황금으로 만든 못으로 표시해 두고 싶어 하는 학자들의 마음이 반영된 용어라고 하겠다. 이 책에서는 세계표준층서단면·점을 가리켜 황금못으로 표기한다.

어느 특정한 지질시대의 황금못으로 지정되기 위해서는 다음과 같은 여러 가지 요건을 충족해야 한다. ① 단면에 드러난 지층이 충분히 두꺼울 것, ② 지질시대 경계 부근에서 퇴적작용이 멈추지 않을 것, ③ 퇴적속도가 너무 빠르거나 느리지 않을 것, ④ 지층이 교란되거나 변형되지 않을 것, ⑤ 변성작용이 없을 것, ⑥ 화석이 풍부하고 다양하게 산출될 것, ⑦ 퇴적상堆積相이 바뀌지 않을 것, ⑧ 지리적으로 넓은 분포를 보여 주는 화석이 산출될 것 등이다.

이에 덧붙여 지질시대의 황금못으로 선정되기 위해서는 그곳으로의 접근성이 좋아야 하며, 선정된 후에는 그곳에 기념비를 세워 표식을 남겨야 한다. 지난 40여 년에 걸친 각 지질시대 전문가들의 연구에 의해 현생누대에 속하는 기紀의 황금못은 대부분 확정되었으며(표 3), 현재 황금못이 정해지지 않은 기는 백악기뿐이다. 한편, 현생누대 이전에 해당하는 명왕누대, 시생누대, 원생누대의 대부분은 황금못이 정해지지 않았다.

5. 층서단위의 종류

암석에는 과거 지구에서 일어났던 사건들이 기록되어 있다. 따

표 3. 지질시대와 황금못이 정해진 곳

누대	대	기(황금못의 시작)	황금못이 정해진 곳
현생누대	신생대	제4기(258만 년 전)	이탈리아 Sicily
		신진기(2304만 년 전)	이탈리아 Alessandria
		고진기(6600만 년 전)	튀니지 El Kef
	중생대	백악기(1억 4310만 년 전)	미확정
		쥐라기(2억 136만 년 전)	오스트리아 Tyrol
		트라이아스기(2억 5190만 년 전)	중국 Meishan
	고생대	페름기(2억 9889만 년 전)	카자흐스탄 Aidaralash Creek
		석탄기(3억 5930만 년 전)	프랑스 La Serre
		데본기(4억 1900만 년 전)	체코 Klonk
		실루리아기(4억 4307만 년 전)	스코틀랜드 Dob's Linn
		오르도비스기(4억 8685만 년 전)	캐나다 Green Point
		캄브리아기(5억 3880만 년 전)	캐나다 Fortune Head
원생누대	신원생대	에디아카라기(6억 3500만 년 전)	오스트레일리아 Enorama Creek
		빙성기(7억 2000만 년 전)	
		토노스기(10억 년 전)	
	중원생대	16억 년 전	
	고원생대	25억 년 전	
시생누대	신시생대	28억 년 전	
	중시생대	32억 년 전	
	고시생대	36억 년 전	
	초시생대	40억 년 전	
명왕누대		45억 6700만 년 전	

라서 암석에 기록되어 있는 내용을 모두 알아내면, 지구의 역사를 편찬하는 일이 가능해질 것이다. 암석 연구를 통해 지구의 역사를 편찬하려는 관점에서 볼 때, 시간의 흐름에 따른 지구 환경 변화와 그 속에 살았던 생물들 사이의 상호관계를 이해하는 일은 무척 중요하다. 특히 지질학의 중요한 분야인 층서학層序學은 퇴적암에 기록되어 있는 환경과 생물의 공간적 분포와 시간적 관계를 다루는 분야로, 지구 역사 편찬의 이론적 바탕을 제공해 준다.

지역에 따라 그리고 시간의 흐름에 따라 환경과 생물의 분포는 사뭇 달랐을 것이다. 따라서 지구의 역사를 편찬하기 위해서는 같은 시간에 지구 곳곳에서 일어났던 사건들을 비교해야 한다. 이처럼 멀리 떨어져 있는 지층들의 동시성同時性을 비교하는 일을 대비對比, correlation라고 한다. 대비를 하기 위해서는 먼저 연구지역에서 퇴적암이 쌓인 순서와 화석의 산출 양상을 알아낸 다음, 그 내용을 바탕으로 멀리 떨어져 있는 다른 지역 지층들과 비교해 동시성 여부를 판단해야 한다. 퇴적암의 층서를 대비할 때는 비교하는 특성에 따라 다음과 같이 세 가지 층서단위로 나눌 수 있다. 이때 고려하는 특성으로 암석岩石, 생물生物, 시간時間이 있다.

첫째, '암석'의 유사성과 특징에 의해 구분되는 단위로 암석층서단위岩石層序單位, lithostratigraphic unit가 있다. 보통 암석단위rock unit라고 줄여서 부르기도 한다. 암석층서단위는 등급에 따라 몇 가지로 나뉜다. 암석층서단위 중에서 기본이 되는 등급은 층層, formation이다. 층은 한 종류의 암석 또는 두 종류 이상 암석의 조합으로 이루어지며, 구성 암석의 특징에 의해 상·하위의 층과 구별되고, 층의 두께는 지질도에 표시할 수 있을 정도로 충분히 두꺼워야 한다. 층을 더 세분할 수 있는 경우, 나뉘는 작은 등급은 층원層員 또는 멤버member라고 부른다. 두 개 이상의 층들이 묶여 층군層群, group이 되고, 여러 개의 층군이 묶여 누층군累層群, supergroup이 된다.

둘째, '화석'의 특징에 의해 구분되는 단위로 생물층서단위生物層序單位, biostratigraphic unit가 있다. 지구의 생물계는 끊임없이 변해 새로운 종류가 나타나기도 하고 멸종하기도 한다. 한 번 멸종했던 생물이 먼 훗날 다시 나타나는 경우는 없다. 이와 같은 생물진화의 비가역성을 바탕으로 퇴적암에 들어 있는 화석을 연구하면, 멀리 떨어져 있는 지층들 사이의 대비가 가능해진다. 이처럼 상·하위 지층에 들어 있는 화석의 내용에 의해 구분되는 구간을 대帶, zone라고 부르며, 생물층서단위의 기본 등급이 된다. 지역에 따라 필요한 경우 대를 세분해 아대亞帶, subzone를 설정하기도 한다.

위에 소개한 암석층서단위와 생물층서단위는 지질학자들의 야외조사에 의해 직접 알아낼 수 있는 사항이다. 그러나 이 층서단위들은 엄격한 의미에서 정확한 시간을 반영한다고 말할 수 없다. 특히 암석층서단위는 근본적으로 시간과는 관련이 없다. 생물층서단위도 암석에 들어 있는 시간적 의미를 반영하기는 하지만, 어느 정도 불확실성을 가지고 있다. 따라서 암석이나 화석의 내용에 관계없이 전 세계적으로 적용될 수 있고, 시간에 의해 구분될 수 있는 단위가 필요하다.

셋째, '시간'에 의해 구분되는 층서단위는 개념적으로 두 가지로 나뉜다. 하나는 같은 기간에 형성된 퇴적층을 모두 아우르는 단위로 시간층서단위時間層序單位, chronostratigraphic unit고, 다른 하나는 오로지 시간을 바탕으로 나뉘는 지질시간단위地質層序單位, geochronologic

표 4. 시간층서단위와 지질시간단위의 관계

시간층서단위	지질시간단위
누대층(累代層, Eonothem)	누대(累代, Eon)
대층(代層, Erathem)	대(代, Era)
계(系, System)	기(紀, Period)
통(統, Series)	세(世, Epoch)
조(組, Stage)	절(節, Age)

unit다. 이 두 단위는 서로 대응하는 관계로 두 단위 사이의 관계를 표 4에 보여 주었다. 두 단위의 개념을 이해하는 데, 다음과 같은 문장을 비교하면 도움이 될 것이다.

예를 들면, "데본계에서는 어류 화석이 많이 산출된다"에서 데본계는 '데본기에 쌓인 지층'이라는 의미의 시간층서단위이며, "데본기에는 어류가 번성했다"에서 데본기는 순수하게 시간만을 의미하는 지질시간단위다. 지구의 역사를 기술할 때 두 단위를 모두 쓸 수 있지만, 우리가 자주 쓰는 단위가 지질시간단위이므로 이 책에서는 지질시대명을 이야기할 때 항상 지질시간단위를 사용했다.

참고문헌

Darwin, C., 1859, *On the origin of species by means of natural selection, or the preservation of favoured races in the struggle for life*, John Murray.

Sedgwick, A. and Murchison, R.I., 1835, "On the Silurian and Cambrian Systems, exhibiting the order in which the older sedimentary strata succeed each other in England and Wales," Report of the British Association for the Advancement of Science, Dublin, Transactions and Secs, 59-61.

Steno, N., 1669, "Nicolaus Stenonis de solido intra soliduum naturaliter contneto," Dissertationis prodromus, Florence.

Walsh, S.L., Gradstein, F.M., and Ogg, J.G., 2004, "History, philosophy, and application of the Global Stratotype Section and Point (GSSP)," *Lethaia*, 37, 201-218.

Werner, A.G., 1787, *Kurtze Klassifikation und Beschreibung der verschiedenen Gebirgs-arten*, Dresden.

제2장

선캄브리아시대Precambrian

선캄브리아시대라는 용어가 널리 쓰이고 있기는 하지만, 이 용어는 공식적인 지질시대명이 아니다. 선先캄브리아시대는 말 그대로 캄브리아기 이전의 시대를 의미한다. 예전에 과학 교과서에서 지질시대를 크게 은생누대와 현생누대로 나눈 적이 있었다. 은생누대와 현생누대는 캄브리아기의 시작을 기준으로 나뉘었기 때문에 은생누대와 선캄브리아시대는 동의어처럼 쓰였다. 은생누대는 시생대와 원생대 그리고 현생누대는 고생대, 중생대, 신생대로 나뉘었다.

은생누대隱生累代란 '생물이 보이지 않는 시대'라는 뜻으로 그 시기의 암석에는 화석이 드물었다. 반면에 현생누대顯生累代는 '생물이 보이는 시대'라는 뜻인데, 그 말처럼 현생누대의 암석에는 화석이 많이 들어 있다. 은생누대는 지구 탄생에서 캄브리아기 이전까지의 시대로 지속기간이 거의 40억 년에 이르며, 현생누대는 5억 3880만 년 전부터 현재까지의 기간이다. 형평성 관점에서 보면, 지구 역사의 약 88퍼센트를 차지하는 은생누대를 단지 시생대와 원생대로 나누는 것은 적절해 보이지 않는다.

20세기 중반에 접어들어 선캄브리아시대를 더 작은 등급의 시간단위로 나누는 일이 지질학계에서 해결해야 할 중요한 숙제로 등장했고, 이 문제를 중점적으로 다루기 위한 기구로 1966년에 국제선캄브리아시대층서위원회International Subcommission on Precambrian Stratigraphy가 발족되었다. 하지만 학자들이 선캄브리아시대를 세분細分하는 작업에 적극적으로 뛰어든 것은 1970년대 이후의 일이었다.

1. 선캄브리아시대의 세분

선캄브리아시대를 세분하는 밑그림을 맨 처음 제시한 학자는 미국 캘리포니아 대학의 클라우드Preston Cloud(1912-1991) 교수였다. 클라우드 교수는 1972년 선캄브리아시대를 시대순에 따라 명왕시대, 시생시대, 원생식물시대, 원생동물시대로 나눈 안案을 제시했다(Cloud, 1972).

가장 오랜 시대는 명왕시대Hadean로 명명되었는데, 영어 명칭인 'Hadean'은 그리스 신화에서 죽음과 지하세계를 관장하는 신 하데스Hades, 冥王에서 따왔다. 명왕시대는 지구 탄생에서부터 지구에서 알려진 가장 오랜 암석의 생성 시기까지의 기간으로 정의되었다. 쉽게 말하면, 지구상에 남겨진 암석 기록이 없는 기간이다. 1972년 당시, 지구의 탄생은 약 46억 년 전 그리고 그때 알려졌던 가장 오랜 암석의 나이가 약 36억 살이었으므로 명왕시대는 46억 년 전에서 36억 년 전에 이르는 지구의 역사 첫 10억 년에 해당하는 기간이다.

시생시대Archean는 36억 년 전에서 26억 년 전 사이의 기간으로 시생시대의 끝인 26억 년 전은 화강암질 암석이 많이 형성된 시기였다. 이때는 대기와 해양에 산소가 없었으며, 광합성이나 화학합성에 의해 스스로 유기화합물을 만들 수 있는 원핵생물들이 존재했던 시기로 알려진다.

그다음 시대는 원생식물시대Proterophytic로 명명되었는데, 26억 년 전에서 19억 년 전 사이의 기간이다. 이 시대에는 광합성 원시생물인 남세균이 번성했지만, 대기 중에 산소는 없었을 것으로 추정된다. 원생식물시대부터 퇴적암이 갑자기 많아졌는데, 특히 규암, 석회암, 호상철광층 등이 퇴적되었다.

선캄브리아시대의 마지막은 원생동물시대Proterozoic로 19억 년 전에서 6억 8000만 년 전 사이의 기간이다. 이 기간에는 대기에 산소가 존재했지만, 다세포동물은 아직 출현하지 않았다. 6억 8000만 년 전이라는 시점은 선캄브리아시대의 빙하시대가 끝나고 다세포생물이 출현하기 시작한 때로 중요하게 다루어졌다. 클라우드 교수는 선캄브리아시대를 세분할 때 생물의 발전과정과 대기 중 산소의 존재 유무를 중요하게 고려했다.

국제선캄브리아시대층서위원회는 선캄브리아시대의 시대 세분에 관한 문제를 논의해 1986년 다음과 같은 기본 원칙을 발표했다(Plumb and James, 1986). ① '선캄브리아시대'는 공식적인 지질시대 명칭이 아니며, 지구의 탄생에서 캄브리아기 시작 이전까지의 기간을 아우르는 비공식적 용어다. ② 선캄브리아시대는 시생누대와 원생누대로 나뉘며, 두 누대의 경계는 25억 년 전에 둔다. ③ 원생누대는 원생I대(25억 년 전-16억 년 전), 원생II대(16억 년 전-9억 년 전), 원생III대(9억 년 전-5억 7000만 년 전)로 나눈다. ④ 원생누대는 잠정적으로 8개의 기紀로 나눈다. 이때 선캄브리아시대를 세분하는 지질시대의 경계는 퇴적작용, 조산운동, 화성활동을 바탕으로 정하며, 그 경계는 현생누대의 황금못처럼 특정한 지역의 특정한 단면에서 정하지 않고 단순히 절대연령으로만 표기하기로 했다.

1991년에 국제선캄브리아시대층서위원회는 원생누대를 세분하는 구체적 안案을 제시했고(Plumb, 1991), 이 제안은 1992년 국제층서위원회로부터 승인되었다. 이 제안에서 원생누대는 고원생대, 중원생대, 신원생대로 나뉘었고, 이들은 다시 10개의 기紀로 세분되었다. 하지만 이 제안에서 제시한 시대 구분이 임의적이고 지구상에서 일어났던 사건을 제대로 반영하고 있지 않다는 점에서 비판적인 견해가 많았고, 따라서 선캄브리아시대의 시대 세분에 관한 후속 활동은 지지부진했다.

그 후 10여 년이 흐른 2004년 선캄브리아시대를 층서기록에서 중요한 변화를 고려해 나누어야 한다는 새로운 제안이 등장했다(Bleeker, 2004). 이 제안에서는 앞서 클라우드(Cloud, 1972)가 도입했던 명왕누대를 받아들여 지구 탄생에서부터 가장 오랜 암석 생성까지의 기간으로 정했다. 그런데 당시 가장 오랜 암석의 나이가 40억 3000만 살로 알려졌음에도 명왕누대와 시생누대의 경계를 '후기 미행성 대충돌기'에 해당하는 38억 5000만 년 전으로 표기했다. 시생누대를 초시생대, 고시생대, 중시생대, 신시생대로 나누었지만, 이들을 더 작은 등급인 기紀로 세분하지는 않았다. 원생누대의 시대구분은 기존의 제안을 약간 수정하는 데 그쳤다.

현재 국제층서위원회에서 제공하고 있는 선캄브리아시대의 세분(표 5)은 2004년의 제안에서 크게 달라진 내용이 없는데, 개념적으로 좀 더 명확한 시대구분을 위해 노력해야 할 것이다.

표 5. 선캄브리아시대의 지질시대 세분

누대(Eon)	대(Era)	기(Period) (황금못의 시작)
원생누대 (Proterozoic)	신원생대 (Neoproterozoic)	에디아카라기(Ediacaran) (6억 3500만 년 전)
		빙성기(Cryogenian) (7억 2000만 년 전)
		토노스기(Tonian) (10억 년 전)
	중원생대 (Mesoproterozoic)	스테노스기(Stenian) (12억 년 전)
		엑타시스기(Ectasian) (14억 년 전)
		칼리마기(Calymmian) (16억 년 전)
	고원생대 (Paleoproterozoic)	스타테로스기(Statherian) (18억 년 전)
		오로세이라기(Orosirian) (20억 5000만 년 전)
		라이악스기(Rhyacian) (23억 년 전)
		시데로스기(Siderian) (25억 년 전)
시생누대 (Archean)	신시생대 (Neoarchean)	(28억 년 전)
	중시생대 (Mesoarchean)	(32억 년 전)
	고시생대 (Paleozrchean)	(36억 년 전)
	초시생대 (Eoarchean)	(40억 년 전)
명왕누대 (Hadean)		(45억 6700만 년 전)

2. 명왕누대

명왕누대冥王累代, Hadean Eon는 지구 탄생부터 가장 오랜 암석의 생성시기까지의 기간으로 45억 6700만 년 전에서 약 40억 년 전까지다. 하지만 명왕누대와 시생누대의 경계는 국제지질과학연맹으로부터 공인되지 않았다. 그러므로 명왕누대가 지질시대표에 가장 오랜 지질시대로 표기되고 있기는 하지만, 아직은 비공식적인 용어다. 현재까지 알려진 지구상의 가장 오랜 암석은 캐나다 북부의 동토지역인 아카스타Acasta에 분포하는 변성암으로, 그 나이는 40억 3000만 살로 알려져 있다. 이 자료를 바탕으로 명왕누대를 정의하면, 45억 6700만 년 전에서 40억 3000만 년 전 사이의 기간이 되어야 한다. 명왕누대는 암석 기록이 없는 시대이지만, 우리는 여러 가지 과학적 추론을 동원해 명왕누대에 일어났던 일을 알아낼 수 있다.

명왕누대의 시작인 45억 6700만 년 전은 엄격한 의미에서 지구가 탄생한 시점이 아니라 태양계가 탄생한 시점이다. 왜냐하면, 태양계 탄생 직후 한동안 원시 태양계의 가장자리에는 수많은 미행성들이 돌고 있었으며, 시간이 흐르면서 미행성들이 모여 행성들을 형성했고, 우리 지구도 이 과정에서 태어났기 때문이다. 지구와 달의 형성과정을 설명하는 거대충돌설巨大衝突說에 의하면, 지구와 달은 약 45억 1000만 년 전 무렵 지구 궤도를 돌고 있던 원시지구와 '테이아*Theia*'라고 불리는 화성 크기의 원시 행성이 충돌해 만들어졌다고 한다. 그러므로 명왕누대에서 일어났던 가장 중요한 사건은 지구의 탄생이라고 말할 수 있다.

명왕누대는 지구에서 알려진 가장 오랜 암석이 생성되기 이전의 시기이므로 암석으로 남겨진 기록이 없다. 그런데 명왕누대에 생성되었던 광물 중에서 후대의 퇴적암 속에 들어갔던 알갱이들이 발견되어 명왕누대의 모습을 추정할 수 있는 실마리를 제공해 주었다. 그중에서 중요한 내용 두 가지를 소개하면 다음과 같다.

첫째, 2001년 오스트레일리아 북서부의 27억 년 전 퇴적암에서 발견된 44억 살의 지르콘zircon 광물이다(Wilde et al., 2001). 지르콘은 일반적으로 화강암질 마그마에서 생성되기 때문에 44억 살 지르콘의 존재는 44억 년 전 이전에 대륙지각이 형성되었음을 의미한다. 이 지르콘 알갱이는 크기가 0.2밀리미터에 불과할 정도로 무척 작지만, 알갱이 내에 석영이 불순물로 들어 있기 때문에 이 작은 광물알갱이 하나가 해양과 대륙지각의 탄생을 알려 준다는 점에서 무척 중요한 발견이었다.

둘째, 2015년에는 오스트레일리아 북서부의 27억 년 전 퇴적암에서 발견된 41억 살의 지르콘 광물알갱이 속에서 생명의 흔적을 찾았다는 놀라운 발표가 있었다(Bell et al., 2015). 벨 등은 지르콘 알갱이 속에 들어 있는 흑연 덩어리의 탄소동위원소 비율을 측정해 그 흑연이 생물 기원의 특성을 나타내는 결과를 얻었다. 이는 41억 년 전 이전에 지구상에 생명이 출현했음을 알려 준다는 점에서 중요한 발견이다.

이 자료들로부터 추정할 수 있는 내용을 요약하면, 명왕누대에 지구가 완성되었고, 대륙이 만들어졌으며, 해양과 대기도 형성되었다. 무엇보다 중요한 것은 이 기간에 생물이 출현했다는 사실이다.

3. 시생누대

시생누대始生累代, Archean Eon의 원어인 'Archean'은 '시작beginning 또는 기원origin'이라는 뜻이다. 번역어인 시생始生은 생물이 시작되었음을 뜻하지만, 19세기 후반에 제안되었던 'Archean'에는 생물과 관련된 의미가 없다. 당시에는 'Archean' 암석에서 화석이 발견되지 않았고, 따라서 시생누대는 지구 역사에서 가장 오랜 시대로 받아들여졌다.

현재 지질시대표에는 시생누대가 초시생대, 고시생대, 중시생대, 신시생대로 나뉘지만(표 5), 각 시대의 경계는 아직 국제지질과학연맹으로부터 공인을 받지 못했다. 따라서 시생누대를 세분하는 시대명은 잠정적으로 쓰고 있는 비공식적 용어다. 현재 시생누대와 원생누대의 경계는 25억 년 전으로 표기되어 있다. 하지만 이 수치도 중요한 변화를 반영한 것이 아니기 때문에 시생누대와 원생누대의 경계를 좀 더 명확히 정하기 위한 노력이 필요하다.

현재 국제층서위원회에서 발간한 지질시대표에 초시생대初始生代는 40억 년 전에서 36억 년 전 사이의 기간, 고시생대古始生代는 36억 년 전에서 32억 년 전 사이의 기간, 중시생대中始生代는 32억 년 전에서 28억 년 전 사이의 기간, 신시생대新始生代는 28억 년 전에서 25억 년 전 사이의 기간으로 표기되어 있다.

한편, 최근 들어 시생누대를 고시생대, 중시생대, 신시생대의 3부분으로 나누는 것이 바람직하다는 주장이 등장했다. 예를 들면, 오스트레일리아의 반 크라넨동크는 고시생대를 40억 3000만 년 전에서 34억 9000만 년 전, 중시생대를 34억 9000만 년 전에서 27억 8000만 년 전, 그리고 신시생대를 27억 8000만 년 전에서 24억 2000만 년 전까지의 기간으로 구분하자는 제안을 했다(Van Kranendonk, 2012). 즉 반 크라넨동크의 제안에 따르면, 고시생대는 지구상에서 알려진 가장 오랜 암석의 생성시기 40억 3000만 년 전에서 가장 오랜 스트로마톨라이트stromatolite의 출현 시기로 알려진 34억 9000만 년 전까지의 기간이다. 중시생대는 34억 9000만 년 전에서 대규모 현무암대지가 형성되었던 27억 8000만 년 전까지의 기간, 그리고 신시생대는 27억 8000만 년 전에서 고원생대 눈덩이지구 빙하시대의 퇴적층이 쌓이기 시작한 24억 2000만 년 전까지의 기간이다. 고원생대 눈덩이지구 빙하시대의 시작과 함께 제1차 산소혁명사건이 일어났다는 점에서 시생누대와 원생누대의 경계를 24억 2000만 년 전으로 제안한 것은 타당성이 있어 보인다.

이와 달리 지구화학적 자료를 바탕으로 시생누대를 3부분으로 나누려는 시도도 있었다(Griffin et al., 2014). 시생누대를 고시생대, 중시생대, 신시생대로 나누었는데, 고시생대는 40-36억 년 전, 중시생대는 36-30억 년 전, 그리고 신시생대는 30-24억 년 전이다. 고시생대에는 지각이 대부분 현무암질 암석이었으며, 중시생대는 전이 단계, 그리고 신시생대에 이르러 화강암류로 이루어진 대륙지각이 크게 늘어났다는 점을 고려한 구분이다.

4. 원생누대

원생누대原生累代, Proterozoic Eon의 원어인 'Proterozoic'에서 'protero-' 는 '예전former'이라는 뜻이고, '-zoic'은 '생물'이라는 뜻이

다. 원생누대는 현재 고원생대(25억-16억 년 전), 중원생대(16억-10억 년 전), 신원생대(10억-5억 3880만 년 전)로 나뉘며, 각 시대의 경계는 1991년 국제층서위원회와 국제지질과학연맹으로부터 승인을 받았다. 고원생대는 4개의 기紀, 중원생대는 3개의 기, 그리고 신원생대는 3개의 기로 나뉜다.

1) 고원생대

고원생대古原生代에 일어났던 중요한 사건을 보면, 초기에 대규모 호상철광층이 쌓였으며, 24억-20억 년 전에는 고원생대 눈덩이지구 빙하시대와 제1차 산소혁명사건이 일어났고, 18억 년 전 무렵에는 초대륙 컬럼비아Columbia가 형성되었다. 고원생대의 시대 세분에는 각각 아래와 같은 특성이 고려되었다.

시데로스기(Siderian; 25억-23억 년 전)는 철이라는 의미의 '*sideros*'에서 따왔는데, 이 시기에 호상철광층縞狀鐵鑛層이 많이 쌓였음을 반영한 용어다. 라이악스기(Rhyacian; 23억-20억 5000만 년 전)는 용암류鎔岩流라는 뜻의 '*rhyax*'에서 따왔으며, 남아프리카의 부시벨드 복합체Bushveld Complex에 기록된 활발한 화성활동이 고려되었다. 오로세이라기(Orosirian; 20억 5000만-18억 년 전)는 산맥山脈이라는 뜻의 '*oroseira*'에서 따왔으며, 이 기간에 세계 곳곳에서 조산운동이 일어나 초대륙 컬럼비아가 만들어졌다. 스타테로스기(Statherian; 18억-16억 년 전)는 안정安靜이라는 뜻의 '*statheros*'에서 따왔으며, 이 기간에 초대륙 컬럼비아가 안정적인 상태를 이루고 있었음을 의미한다.

2) 중원생대

중원생대中原生代는 지구의 역사에서 매우 특이한 시기로 알려져 있다. 왜냐하면 중원생대는 지구의 환경과 생물 진화의 관점에서 거의 변화가 없었던 것처럼 보이기 때문이다. 그래서 학자들은 변화가 거의 없었던 기간(18억-8억 년 전)을 '지루한 10억 년boring billion'이라고 부르기도 한다. 하지만 판구조적 관점에서 보면 이 기간에 컬럼비아 초대륙이 여러 개의 작은 대륙으로 갈라졌다가 10억 년 전에 이르러 새로운 초대륙 로디니아Rodinia가 형성되었으니 결코 지루할 수 없었으리라 생각된다.

중원생대는 칼리마기, 엑타시스기, 스테노스기로 나뉜다. 칼리마기(Calymmian; 16억-14억 년 전)는 '덮다'는 뜻의 '*calymma*'에서 따왔으며, 이 기간에 특히 얕은 대륙붕 환경이 넓게 조성되어 있었음을 반영한다. 엑타시스기(Ectasian; 14억-12억 년 전)는 확장擴張이라는 뜻의 '*ectasis*'에서 따왔으며, 이 기간에 대륙붕 환경이 넓게 확장되었음을 의미한다. 스테노스기(Stenian; 12억-10억 년 전)는 '좁다'는 뜻의 '*stenos*'에서 따왔으며, 이 기간에 좁은 띠를 이루며 분포하는 조산대가 곳곳에서 형성되었음을 반영한다.

3) 신원생대

신원생대新原生代는 눈덩이지구 빙하시대 퇴적층과 에디아카라 화석의 산출 덕분에 연구가 활발히 이루어진 시기다. 1991년에 신원생대를 토노스기(10억-8억 5000만 년 전), 빙성기(8억 5000만-6억 5000만 년 전), 신원생대III(6억 5000만 년 전-캄브리아기 전)으로 나눈 제안이 있었다(Plumb, 1991).

토노스기Tonian는 '펼친다'는 뜻의 '*tonos*'에서 따왔으며, 이 기간에 로디니아 초대륙이 분리되기 시작했음을 반영한다. 빙성기氷成紀, Cryogenian는 '얼음과 생성'이라는 뜻의 '*cryos+genesis*'에서 따왔으며, 이 기간에 전 세계적으로 분포하는 빙하퇴적층이 많음을 반영하고 있다. 21세기에 접어들어 '신원생대 눈덩이지구 빙하시대'에 관한 연구가 활발해지면서 빙성기는 눈덩이지구를 이루고 있었던 7억 2000만 년 전에서 6억 3500만 년 전으로 수정되었으며, 이에 따라 토노스기의 기간도 10억 년 전에서 7억 2000만 년 전 사이로 바뀌었다(Halverson et al., 2020).

원생누대의 지질시대 중에서 현재 황금못을 바탕으로 정해진 시대는 에디아카라기Ediacaran가 유일하며, 나머지 9개의 기紀는 절대연령으로 정해졌다. 에디아카라기는 눈덩이지구 빙하시대가 끝난 6억 3500만 년 전에서 5억 3880만 년 전까지의 기간으로, 이 시대에 관한 내용은 다음 장에서 자세히 다룬다.

5. 신원생대 눈덩이지구 빙하시대

유럽이나 북아메리카 대륙의 산악지역을 여행하다 보면 골짜기에 쌓여 있는 빙하퇴적층과 그 흔적을 쉽게 만날 수 있다. 하지만 한반도는 제4기 빙하시대 동안에도 빙하로 덮였던 적이 없었기 때문에 우리나라에서는 빙하퇴적물이나 빙하지형을 만날 수 없다. 그런데 한반도의 땅덩어리 중에는 지금으로부터 약 7억 년 전 신원생대 기간에 쌓였던 빙하퇴적층이 있다. 그 무렵은 지구 전체가 빙하로 덮여 있었던 때로 지구의 역사에서 매우 특이한 시기였다.

신원생대 빙하퇴적층의 존재는 1871년 스코틀랜드 서쪽에 있는 아일레이Islay섬에서 맨 처음 보고되었다. 그 후 세계 곳곳에서 신원생대 빙하퇴적층들이 알려졌고, 20세기 전반에 이르렀을 때는 신원생대 빙하시대가 후기 고생대 빙하시대나 제4기 빙하시대에 버금갈 정도로 규모가 컸다는 사실도 알게 되었다. 1960년대에는 신원생대 빙하퇴적층이 따뜻한 대륙붕 환경에서 쌓인 탄산염 퇴적층 바로 위에 놓인다는 사실이 알려졌다. 여기에서 더 나아가 온난한 지방의 바다가 빙하로 덮였다면, 극지방 역시 빙하로 덮였을 것이라는 생각으로 발전했다. 하지만 따뜻한 온대지방이 빙하로 덮일 수 있는 과정을 설명할 수 없었기 때문에 더 이상 생각의 진전은 없었다.

1980년대 중반, 오스트레일리아 남부의 플린더스산맥Flinders Ranges에 분포하는 약 7억 년 전 빙하퇴적층인 엘라티나층Elatina Formation의 고지자기古地磁氣를 연구하던 학자들이 엘라티나층이 쌓일 당시 그 지역의 위도가 적도 부근이었다는 연구결과를 발표해 사람들을 놀라게 했다. 적도지방이 빙하로 덮였다니 믿기 어려운 내용이었다. 이 흥미로운 문제를 검증하고 싶었던 미국 캘리포니아 공과대학의 고지자기학자 커슈빙크Joe Kirschvink 교수는 이 연구에 직접 참여해 엘라티나층이 위도 15도 이내의 적도 부근에서 쌓였다는 결과를 얻었다. 커슈빙크는 이 결론을 바탕으로 신원생대에 빙하가 적도 부근까지 덮였다면 극지방은 당연히 빙하로 덮였을 것이기 때문에 지구 밖에서 당시의 지구를 바라보았다면 지구가 마치 커다란 눈덩이처럼 보였을 것이라고 생각했다. 그는 이 내용을 정리해 제목에 "눈덩이지구snowball Earth"라는 용어를 넣은 2페이지의 짧은 논문을 발표했다(Kirschvink, 1992). 눈덩이지구 가설은 학계에 빠르게 퍼져나가 논쟁의 소용돌이를 일으켰고, 이 소용돌이는 하버드대 호프먼Paul Hoffman 교수팀의 논문 「신원생대 눈덩이지구」가 1998년 과학잡지 『사이언스』에 게재되면서 극에 달했으며(Hoffman et al., 1998), 신원생대 눈덩이지구 가설에 관한 논쟁은 지금까지도 이어지고 있다.

호프먼 교수팀은 신원생대 눈덩이지구 빙하시대에 적도지방의 바다가 두께 1킬로미터에 달하는 두꺼운 빙하로 덮여 있었다는 믿기 어려운 주장을 펼쳤다. 그들이 제시한 눈덩이지구 가설은 신원생대 빙하퇴적층이 거의 모든 대륙에 분포하고, 대부분의 경우 이 빙하퇴적층 바로 위에 두께 수 미터 또는 수십 미터의 백색 석회암층이 놓인다는 사실에 바탕을 두고 있다. 석회암은 일반적으로 따뜻한 바다에서 쌓이는 암석인데, 어떻게 빙하퇴적층 위에 석회암층이 쌓일 수 있었을까라는 문제와 씨름하는 과정에서 바다가 모두 빙하로 덮여 있었다면, 빙하퇴적층이 쌓인 후 곧바로 석회암층이 퇴적될 수 있다는 결론에 도달했던 것이다.

호프먼 교수팀은 논문에서 바다가 빙하로 덮여 있으면 바다와 대기 사이의 교류가 끊어지는 점에 주목했다. 지금은 바다와 대기가 직접 만나고 있기 때문에 바다와 대기는 이산화탄소를 주고받으며 대기 중 이산화탄소 농도의 급격한 변화를 조절한다. 하지만 눈덩이지구 빙하시대처럼 바다가 모두 빙하로 덮여 있다면, 바다와 대기 사이의 이산화탄소 교류가 끊어지기 때문에 상황은 달라진다. 그런데 바다가 빙하로 덮여 있어도 바다 밑에서의 화산활동은 멈추지 않는다. 이는 판구조운동으로 인해 해령과 호상열도 그리고 열점에서 화산이 끊임없이 분출하기 때문이다. 현재 화산에서 뿜어져 나오는 기체 중에서 가장 많은 성분은 수증기로 약 83퍼센트이며, 이산화탄소는 약 12퍼센트로 수증기 다음으로 많다. 그런데 수증기는 분출하자마자 곧바로 응결해 바닷물과 섞이지만, 이산화탄소는 기체 상태로 남아 있게 된다.

바다 밑 화산에서 뿜어져 나온 이산화탄소는 가볍기 때문에 위로 떠올라 빙하 곳곳의 갈라진 틈crevasse을 따라 대기 속으로 스며들어 갔다. 바다와 대기가 빙하에 의해 나뉘어진 상태에서 시간이 흐름에 따라 대기의 이산화탄소 농도는 꾸준히 늘어났을 것이다. 그런데 이산화탄소는 온실기체이고, 따라서 대기 중 이산화탄소의 농도가 늘어나면 대기의 온도는 상승하게 된다. 호프먼 교수팀의 모델링 연구에 의하면, 대기 중 이산화탄소의 양이 크게 증가한 6억 3500만 년 전 무렵 대기의 온도가 섭씨 50도까지 치솟았다고 한다.

대기의 온도가 섭씨 50도까지 오르자 바다를 덮고 있던 빙하는 빠르게 녹기 시작했다. 그 결과 바다와 대기 사이의 교류가 다시 시작되어 대기 속에 들어 있던 엄청난 양의 이산화탄소는 바닷물 속으로 녹아들어 갔다. 이 이산화탄소CO_2가 바닷물 속에 들어 있던 칼슘Ca과 결합해 석회암$CaCO_3$을 퇴적시켰다는 시나리오다. 사람들은 이 석회암을 덮개석회암cap carbonate이라고 부르는데, 석회암층이 빙하퇴적층을 덮고 있음을 강조한 용어라고 하겠다.

눈덩이지구 빙하시대에 빙하퇴적층이 쌓이고 그 위에 덮개석회암이 쌓였다면, 이는 전 지구적인 현상으로 거의 동시에 일어났던 사건이었고, 따라서 멀리 떨어져 있는 지층들을 대비하는 데 매우 정확한 자료를 제공해 준다. 현재 신원생대 기간 중에 빙하퇴적층이 쌓였던 시기는 세 번 있었고, 그중 두 번은 규모가 커서 지구 전체가 빙하로 덮인 눈덩이지구를 형성했던 것으로 알려져 있다. 하나는 스터트 빙하시대Sturtian로 7억 2000만 년 전에서 6억 5900만 년 전 사이에 있었고, 다른 하나는 마리노 빙하시대Marinoan로 6억 4500만 년 전에서 6억 3500만 년 전 사이의 기간이다. 스터트Sturt와 마리노Marino라는 이름은 신원생대 퇴적층이 넓게 분포하는 오스트레일리아 남부 애들레이드Adelaide시에 있는 지역의 이름에서 따왔다. 신원생대의 마지막 빙하시대는 약 5억 8000만 년 전의 가스키어스 빙하시대Gaskiers인데, 이 빙하시대는 규모가 작아서 눈덩이지구를 이루지는 못했다.

요약하면, 신원생대는 눈덩이지구 빙하시대를 기준으로 나뉘며, 눈덩이지구 빙하시대 이전은 토노스기(10억-7억 2000만 년 전), 눈덩이지구 빙하시대였던 스터트 빙하시대와 마리노 빙하시대는 빙성기(7억 2000만-6억 3500만 년 전), 그리고 눈덩이지구 빙하시대가 끝난 이후의 시대는 에디아카라기(6억 3500만-5억 3880만 년 전)가 되었다.

참고문헌

Bell, E.A., Boehnke, P., Harrison, T.M., and Mao, W.L., 2015, "Potentially biogenic carbon preserved in a 4.1 billion-year-old zircon," *Proceedings of National Academy of Sciences*, 112, 14518-14521.

Bleeker, W., 2004, "Towards a 'natural' time scale for the Precambrian-A proposal," *Lethaia*, 37, 219-222.

Cloud, P., 1972, "A working model of the primitive Earth," *American Journal of Science*, 272, 537-548.

Griffin, W.L., Belousova, E.A., O'Neill, C., O'Reilly, S.Y., Malkovets, V., Pearson, N.J. et al., 2014, "The world turns over: Hadean-Archean crust-mantle evolution," *Lithos*, 189, 2-15.

Halverson, G., Porter, S., and Shields, G., 2020, "The Tonian and Cryogenian periods," In: Gradstein, F.M., Ogg, J.G., Schmitz, M., and Ogg, G. (eds.), *The Geologic Time Scale 2020*, Elsevier, 495-519.

Hoffman, P.F., Kaufman, A.J., Halverson, G.P., and Schrag, D.P., 1998, "A Neoproterozoic snowball Earth," *Science*, 281, 1342-1346.

Kirschvink, J.L., 1992, "Late Proterozoic global glaciation: The snowball Earth," In: Schopf, J.W. and Klein, C. (eds.), *The Proterozoic Biosphere: A multidisciplinary study*, Cambridge University Press, 51-52.

Plumb, K.A., 1991, "New Precambrian time scale," *Episodes*, 14, 139-140.

Plumb, K.A. and James, H.L., 1986, "Subdivision of Precambrian Time: Recommendations and suggestions by the Subcommission on Precambrian Stratigraphy," *Precambrian Research*, 32, 65-92.

Van Kranendonk, M.J., 2012, "A chronostratigraphic division of the Precambrian: possibilities and challenges," In: Gradstein, F.M., Ogg, J.G., Schmitz, M., and Ogg, G. (eds.), *The Geologic Time Scale 2012*, Elsevier, 299-392.

Wilde, S.A., Valley, J.W., Peck, W.H., and Graham, C.M., 2001, "Evidence from detrital zircons for existence of continental crust and oceans on the Earth 4.4 Ga ago," *Nature*, 409, 175-178.

제3장

에디아카라기 Ediacaran

에디아카라기가 새로운 지질시대로 공인받은 때는 2004년이다. 에디아카라기는 선캄브리아시대의 마지막 기紀이며, 캄브리아기 직전의 시대다. 그동안 우리가 알고 있던 지질시대 중에서 가장 늦게 등장한 기가 1879년에 제안된 '오르도비스기'였으니까 무려 120여 년이 흐른 후에 새로운 기가 탄생한 셈이다.

에디아카라기의 다음 지질시대인 '캄브리아기'는 1835년 영국 케임브리지 대학 교수였던 세지윅Adam Sedgwick에 의해 제안되었다. 19세기 초엽 세지윅이 영국 웨일스Wales 지방을 처음 조사했을 때, 어떤 지층을 기준으로 아래쪽에는 화석이 드문 반면 위쪽에는 화석이 많다는 사실을 알았다. 당시 세지윅은 화석이 많이 보이면 캄브리아기에 속하는 것으로 생각했다. 캄브리아기 지층에서 발견된 화석 중에는 특히 삼엽충이 많았고, 따라서 삼엽충의 존재는 그 지층이 캄브리아기에 속한다는 사실을 알려 주는 좋은 징표였다(제4장 참조).

그런데 삼엽충은 겉보기에도 형태적으로 무척 복잡한 생물이다. 지구상에 맨 처음 출현한 생물이 삼엽충처럼 복잡한 생물이라는 사실은 진화론의 주창자 다윈Charles Darwin을 무척 곤혹스럽게 했다. 다윈의 진화론에 의하면, 오늘날 지구 생물계는 먼 옛날 지구상에 처음 등장한 작고 간단한 생물이 오랜 시간에 걸쳐서 복잡하고 다양해진 것이어야 하기 때문이다. 그래서 다윈은 1859년에 발간된 그의 저서 『종의 기원』에서 캄브리아기 지층에서 삼엽충처럼 형태적으로 복잡한 동물이 갑자기 출현한 것은 캄브리아기 이전의 암석이 보존되지 않았기 때문이라고 설명했다(Darwin, 1859).

이와 같은 다윈의 생각과 어울리는 가설이 20세기 초 미국의 고생물학자 월코트Charles Walcott(1850-1927)에 의해 발표되었다. 월코트는 캄브리아기 이전의 암석 기록이 없는 기간을 '리팔리안 시대Lipalian Interval'라고 부를 것을 제안했는데(Walcott, 1914), 그 배경에는 캄브리아기 직전의 지층들이 침식작용에 의해 모두 없어졌다는 생각이 크게 작용했다. 우리나라에도 캄브리아기 지층 아래에 뚜렷한 부정합이 있는데, 이 부정합면을 경계로 위아래 지층의 시간 차이는 무려 15억 년이다.

캄브리아기 이전의 지층에는 화석이 드물기 때문에 유럽과 북아메리카 대륙의 학자들은 선캄브리아시대를 더 이상 세분하려는 시도를 하지 않았다. 하지만 20세기 전반에 당시 지질학의 변방에 속했던 중국과 러시아에서는 캄브리아기 이전의 지층에 독자적인 시대명을 쓰고 있었다. 중국에서는 캄브리아기 지층 바로 밑에 있는 암석에 진단계震旦系, Sinian System라는 용어를 썼다. 진단계는 1885년 중국을 방문했던 독일의 지질학자 리히트호펜Ferdinand von Richthofen(1833-1905)에 의해 처음 사용되었지만, 진단계의 개념을 체계화한 학자는 중국 지질학의 아버지로 불리는 베이징대학의 그래바우Amadeus Grabau(1870-1946) 교수였다. 그래바우는 캄브리아기 지층 밑에 놓여 있는 변성작용을 거의 받지 않은 지층을 진단계에 포함시켰는데(Grabau, 1922), 이 진단계는 오늘날의 관점에서 보면 중원생대와 신원생대를 아우르는 개념이었다. 1970년대 들어 중국의 진단계는 그 범위가 크게 축소되어 선캄브리아시대의 마지막 2억 년에 해당하는 지층에 사용되었다(Chen et al., 1975). 한편, 러시아에서는 20세기 후반에 접어들면서 캄브리아기 바로 밑에 있는 지층에 '벤드기 Vendian Period'라는 시대명을 사용했는데, 벤드기는 신원생대 빙하퇴적층도 포함한 개념이었다.

1960년대에는 신원생대 빙하퇴적층과 에디아카라Ediacara 동물군(1절 참조)이 세계 곳곳에 분포한다는 사실이 알려져 있었다. 이 무렵, '에디아카라'라는 이름은 학자들에 따라 다양한 의미로 쓰였다. 어떤 학자들은 벤드기 내에 속하는 시대로 에디아카라세Ediacaran Epoch를 썼으며, 어떤 학자들은 신원생대 빙하시대가 끝난 이후의 시대를 에디아카라기Ediacaran Period로 불렀다. 또 어떤 사람은 에디아카라 동물군이 산출되는 구간에 국한해 '에디아카라'라는 용어를 사용하기도 했다(Knoll et al., 2006 참조). 그러므로 에디아카라기와 관련해 먼저 알아보아야 할 내용은 에디아카라 동물군이다.

1. 에디아카라 동물군

20세기 중반에 이루어졌던 고생물학 분야의 가장 중요한 연구 성과 중 하나는 에디아카라 동물군Ediacara fauna의 발견이다. 에디아카라 동물군은 골격이 없는 생물로 생물 자체가 화석으로 보존된 것이 아니라 생물의 인상印象이 남겨진 것이다. 이 화석들은 크기가 클 뿐만 아니라 형태적으로 기묘하고 복잡한 모습을 보여 준다. 그런데 이들이 어떤 생물군에 속하는지 아직 잘 모른다. 왜냐하면, 현재 살아 있는 생물 중에 이들과 비슷한 종류가 없기 때문이다. 단지 형태적 특징을 비교해 원반 모양의 화석은 해파리, 커다란 깃털 모양은 바다조름, 마디가 있는 것들은 환형동물이나 절지동물과 관련이 있으리라고 추측할 뿐이다.

에디아카라 동물군에 속하는 화석이 처음 보고된 때는 1872년이었는데, 당시 학자들은 그 화석의 진정한 의미와 중요성을 알지 못했다. 20세기 전반에도 아프리카의 나미비아와 오스트레일리아의 에디아카라에서 에디아카라 동물군에 속하는 화석이 발견되었을 때, 화석이 무척 크고 형태적으로도 복잡했기 때문에 당시 학자들은 그 화석들이 캄브리아기에 속하리라고 생각했다.

나미비아와 오스트레일리아에서 보고된 기묘한 형태의 화석들이 캄브리아기 이전에 살았던 독특한 동물군動物群이라는 사실을 알아챈 사람은 오스트레일리아의 글래스너Martin Glaessner 교수였다. 그는 이 화석들을 '에디아카라 동물군'이라고 부를 것을 제안했다(Glaessner, 1959). 현재 에디아카라 동물군은 남극대륙을 제외한 모든 대륙으로부터 270종이 넘는 화석들이 보고되어 이들이 신원생대가 끝날 무렵의 바다에서 번성했음을 알려 주고 있다(Narbonne, 2005).

에디아카라 동물군은 신원생대 마지막 빙하시대인 5억 8000만 년 전의 가스키어스 빙하시대가 끝난 직후 등장했다. 에디아카라 동물군은 시대에 따라 3개의 군집으로 구분되었다. ① 아발론Avalon 군집은 5억 7500만 년 전에서 5억 5500만 년 전의 화석군집으로 비교적 깊고 화산활동이 활발했던 바다환경에서 살았다. ② 백해White Sea 군집은 5억 6000만 년 전에서 5억 5000만 년 전의 지층에서 발견되었으며, 얕은 바다환경에서 살았던 것으로 보인다. ③ 나마Nama 군집은 5억 5500만 년 전에서 5억 4000만 년 전 지층에서 보고되었으며, 대부분 얕은 바다환경에서 살았던 것으로 알려졌다. 하지만 또 다른 연구에 의하면, 에디아카라 동물군을 시대에 따라 3개의 군집으로 나누는 것은 의미가 없으며, 3개의 군집으로 나뉘는 것처럼 보이는 것은 퇴적환경과 화석이 보존되는 양상의 차이 때문이라고 주장했다.

처음에 에디아카라 화석을 연구했던 학자들은 그 화석이 해파리나 바다조름 같은 자포동물이나 절지동물에 속할 것으로 생각했다. 한편, 골격이 없는 생물이 놀랍도록 정교하게 화석으로 남은 것은 에디아카라 동물군이 현재 지구상에 살고 있는 생물과 전혀 관련이 없는 멸종 생물로 독특한 형태와 구조를 가졌기 때문이라는 주장도 등장했다. 이밖에도 에디아카라 동물군의 생물학적 유연관계에 대한 다양한 생각이 발표되었는데, 예를 들면 원생동물, 지의류, 광합성 다세포생물, 원핵생물의 군집, 균류 등이다. 최근의 문헌에서는 에디아카라 생물은 동물 또는 동물에 가까운 생물이라는 견해가 지배적이다.

에디아카라 화석을 처음 보았을 때 사람들이 놀랐던 것은 골격이 없음에도 불구하고 생물의 미세한 형태까지도 보존된 점이었다. 게다가 화석의 크기가 작게는 수 센티미터에서 큰 것은 2미터에 이를 정도로 무척 컸고, 화석은 모두 눌린 자국으로 남겨졌다. 그럼에도 불구하고 생물의 윤곽이 뚜렷하며, 탄화작용이나 광물에 의해 치환된 모습도 관찰되지 않았다. 골격이 없고 부드러운 육질肉質로만 이루어진 생물이 어떻게 그처럼 정교하게 화석으로 남겨졌을까? 예를 들어 해파리가 죽은 후 바닥에 가라앉았다고 가정할 때, 해파리의 눌린 자국이 퇴적면에 남겨질까? 흐물흐물한 해파리가 화석으로 남겨지기는 거의 불가능해 보인다. 그런데 만약 퇴적면이 미생물의 막으로 덮여 있었다면 해파리의 눌린 자국이 마치 데스마스크death mask처럼 퇴적면 위에 남겨질 수 있다는 가설이 제안되었다. 신원생대 말에는 미생물을 긁어먹는 동물들이 등장하지 않았으므로 바다의 바닥이 미생물의 막으로 덮여 있었다면 당시 바다에 살았던 생물의 유해가 화석으로 남겨질 가능성은 커 보인다.

그러면 신원생대 말엽 거의 4000만 년 동안 번성했던 에디아카라 동물군이 캄브리아기 시작 직전에 갑자기 사라진 원인은 무엇일까? 단순하게 설명하면, 환경적 또는 생태학적 변화에 의해 에디아카라 동물군이 멸종했기 때문이라고 말할 수 있다. 그러면 환경적 또는 생태학적 변화에는 무엇이 있을까? 앞서 에디아카라 동물이 화석으로 보존되는 데 퇴적면 위에 있던 미생물의 막이 중요한 역할을 했을 것이라는 해석이 있었다. 만약 캄브리아기가 시작될 무렵 미생물을 먹는 생물이 등장해 퇴적면 위를 덮고 있던 미생물의 막이 없어졌다면, 에디아카라 생물은 화석으로 남기 어려웠을 것이다.

또 다른 해석으로는 육식동물이 등장하면서 이들이 거의 움직이지 못했던 에디아카라 생물들을 먹어치워 멸종하게 했다는 생각이다. 아울러 신원생대 말엽인 5억 5500만 년 전부터 발견되는 생흔生痕화석은 동물들이 퇴적층을 교란시켰음을 알려 주는데, 그 결과 서식지가 파괴되어 에디아카라 생물들이 멸종했을 가능성도 있다. 요약하면, 새로운 먹이 섭취 형태의 생물들이 등장하면서 에디아카라 동물군은 멸종했고, 새로운 동물군의 출현은 새로운 지질시대인 캄브리아기의 시작을 알려 주는 신호였던 셈이다.

2. 에디아카라기의 시작

1989년 원생누대의 마지막 지질시대를 집중적으로 다루기 위한 위원회Subcommission on the Terminal Proterozoic System(지금은 국제에디아카라기층서위원회International Subcommission on Ediacaran Stratigraphy로 명칭이 바뀜)가 출범했다. 그 후 10여 년 동안 위원회의 회원들은 세계 곳곳에 있는 신원생대 퇴적층을 조사하면서 신원생대 마지막 지질시대의 황금못을 찾기 위한 노력을 기울였다. 오랜 조사와 연구를 바탕으로 2000년대에 접어들어 황금못을 선정하기 위한 투표가 3단계에 걸쳐 이루어졌다.

첫 번째 투표는 신원생대 마지막 지질시대의 황금못을 어느 층준에 두느냐는 문제였는데, 3개의 안案이 제안되었다. 이들은 ① 마리노 빙하퇴적층의 바닥, ② 마리노 빙하퇴적층 위에 놓이는 덮개석회암층의 바닥, ③ 이 밖의 다른 층준이다. 이에 대한 위원들의 투표가 2000년 12월에 시행되었는데, 두 번째 후보인 마리노 빙하퇴적층 위에 놓이는 덮개석회암층의 바닥이 80퍼센트라는 높은 지지를 받았다.

이 결정이 이루어진 후, 황금못 후보지역에 대한 제안서를 받았는데, 4곳으로부터 제안서가 제출되었다. 두 곳은 오스트레일리아의 플린더스산맥Enorama Creek section과 Wearing Dolomite section, South Australia, 한 곳은 중국의 양쯔협곡Tianjiayuanzi section, Hubei Province, 그리고 나머지 한 곳은 인도의 히말라야산맥Maldeota section, India이었다. 위원회의 회원들은 4곳의 황금못 후보지역을 방문해 암석을 관찰했고, 이들을 대상으로 황금못 선정을 위한 두 번째 투표가 2003년 3월에 이루어졌다. 투표 결과, 오스트레일리아의 에노라마 크릭 단면Enorama Creek이 63%의 지지를 받아 황금못 최종 후보로 선정되었다.

세 번째 투표는 국제층서위원회의 규정에 따라 황금못 후보로 선정된 오스트레일리아의 에노라마 크릭 단면에 대한 찬반투표와 지질시대명에 관한 투표였다. 찬반투표에서는 80퍼센트의 찬성을 그리고 지질시대명으로 '에디아카라기Ediacaran Period'가 75퍼센트의 지지를 받았다. 이 투표 결과를 담은 보고서는 국제층서위원회에 제출되어 2004년 2월 새로운 지질시대로 승인되었고, 2004년 3월에 국제지질과학연맹의 공인을 받았다(Knoll et al., 2006).

이상의 내용을 요약하면, 에디아카라기는 선캄브리아시대의 마지막 지질시대로 약 6억 3500만 년 전에서 5억 3880만 년 전까지의 기간이다. 에디아카라기의 황금못은 오스트레일리아 남부에 있는 플린더스Flinders산맥의 에노라마 크릭에서 마리노 빙하시대에 쌓인 엘라티나층 바로 위에 놓이는 덮개석회암 누카레나층Nuccaleena Formation의 바닥으로 정해졌다(구글 지도에서 'Ediacaran golden spike'를 검색하면 에디아카라기 황금못의 위치와 부근의 전경을 볼 수 있다).

3. 에디아카라기의 시대 세분

2004년 새로운 지질시대로 채택된 에디아카라기는 신원생대 눈덩이지구 빙하시대가 끝난 6억 3500만 년 전에서 캄브리아기 시작인 5억 3880만 년 전까지로 그 기간은 9620만 년에 이른다. 따라서 에디아카라기는 작은 등급인 세世와 절節로 나뉘어야 할 것이다. 하지만 현재 에디아카라기 내에서 세와 절이 공식적으로 정해진 것은 없다.

지구의 역사에서 보았을 때, 에디아카라기 동안에 여러 가지 중요한 사건이 일어났다. 6억 3500만 년 전 신원생대 눈덩이지구 빙하시대가 끝난 직후, 따뜻해진 지구에는 새로운 생물군인 동물(좀 더 구체적으로 다세포동물)이 등장했다. 따라서 화석의 산출을 바탕으로 지질시대를 세분하는 것이 바람직해 보이는데, 화석 산출 양상이 지역에 따라 무척 다르기 때문에 화석 자료를 바탕으로 에디아카라기를 세분하는 것은 어려워 보인다.

에디아카라기 내에서 가장 눈에 띄는 사건은 5억 8000만 년 전 무렵에 있었던 가스키어스Gaskiers 빙하시대다. 가스키어스 빙하시대를 기준으로 보면, 그 이전은 아크리타치acritarch로 불리는 해양 플랑크톤 화석이 풍부한 반면, 그 이후는 에디아카라 동물군 화석이 산출되는 점에서 뚜렷이 구분된다. 그러므로 가스키어스 빙하시대를 경계로 에디아카라기를 2개의 세로 나누려는 생각은 자연스러워 보이는데, 3개의 세로 나누자는 의견도 있다(Xiao et al., 2016). 2개의 세로 나눌 경우, 가스키어스 빙하시대를 기준으로 전기 세와 후기 세로 나누며, 이는 다시 각각 2개 절과 3개 절로 나뉜다. 3개의 세로 나누자는 주장에서는 가스키어스 빙하시대 이전을 전기 세와 중기 세로 나누며, 전기 세는 2개 절, 중기 세는 1개 절, 그리고 후기 세는 3개 절로 나뉜다(표 6).

현재, 국제에디아카라기층서위원회에서 에디아카라기의 시대 세분에 관한 논의가 활발히 이루어지고 있는 시대는 제1절FEA, First Ediacaran Age과 제2절SEA, Second Ediacaran Age 그리고 최후기 절TEA, Terminal Ediacaran Age이다. 제1절은 마리노 빙하시대가 끝난 직후(6억 3500만 년

표 6. 에디아카라기의 지질시대 세분

<table>
<tr><th></th><th colspan="2">2개의 세로 나누는 안</th><th colspan="2">3개의 세로 나누는 안</th></tr>
<tr><td rowspan="6">에디아카라기 (Ediacaran)</td><td rowspan="3">후기 세 (Late Epoch)</td><td>최후기 절(TEA)</td><td rowspan="3">후기 세 (Late Epoch)</td><td>최후기 절(TEA)</td></tr>
<tr><td>제4절</td><td>제5절</td></tr>
<tr><td>제3절</td><td>제4절</td></tr>
<tr><td rowspan="3">전기 세(Early Epoch)</td><td rowspan="2">제2절(SEA)</td><td>중기 세 (Middle Epoch)</td><td>제3절</td></tr>
<tr><td rowspan="2">전기 세 (Early Epoch)</td><td>제2절(SEA)</td></tr>
<tr><td>제1절(FEA)</td><td>제1절(FEA)</td></tr>
</table>

전)부터 덮개석회암층의 퇴적작용이 끝난 시기까지의 기간을 고려하고 있다. 덮개석회암층이 쌓인 기간이 100만 년 미만이라는 의견이 있지만, 덮개석회암층 위아래에서 얻은 연령 자료로부터 판단했을 때 퇴적기간이 길면 300만 년이므로 하나의 절節로 설정하기에 충분한 기간이라고 말할 수 있다.

제2절은 덮개석회암층의 퇴적작용이 끝난 때(약 6억 3200만 년 전)부터 시작되며, 상한은 아직 확정되지 않았다. 2개의 세를 선호하는 주장에서는 상한을 가스키어스 빙하시대로 생각하는데, 그러면 두 번째 절의 지속기간이 4800만 년이다. 3개의 세를 주장하는 사람들은 두 번째 절의 상한을 약 6억 500만 년 전에 두려고 하지만, 명확한 근거는 없다. 최후기 절의 시작은 골격을 가지는 화석이 출현하는 층준을 고려하고 있는데, 그 시점은 약 5억 5000만 년 전이다.

요약

에디아카라기는 선캄브리아시대의 마지막 지질시대이며, 신원생대의 세 번째 기(紀)다. 에디아카라기의 황금못은 오스트레일리아 남부에 있는 플린더스산맥(Flinders Ranges)의 에노라마 크릭(Enorama Creek)에 드러난 누카레나층(Nuccaleena Formation)의 바닥으로 정해졌다. 에디아카라기는 6억 3500만 년 전에서 5억 3880만 년 전까지의 기간인데, 에디아카라기의 시대 세분은 아직 이루어지지 않았다.

참고문헌

Chen, J:, Zhang, H., Xing, Y., and Ma, G., 1975, "On the upper Precambrian (Sinian Suberathem) in China," *Precambrian Research*, 15, 207-228.

Darwin, C., 1859, *The origin of species by means of natural selection, or the preservation of favoured races in the struggle for life*, John Murray.

Glaessner, M.F., 1959, "The oldest fossils faunas of South Australia," *Geologische Rundschau*, 47, 522-531.

Grabau, A.W., 1922, "The Sinian System," *Bulletin of the Geological Society of China*, 1, 44-88.

Knoll, A.H., Walter, M.R., Narbonne, G.M., and Christie-Blick, N., 2006, "The Ediacaran Period: a new addition to the geologic time scale," *Lethaia*, 39, 13-30.

Narbonne, G.M., 2005, "The Ediacara biota: Neoproterozoic origin of animals and their ecosystem," *Annual Review of Earth and Planetary Sciences*, 33, 421-442.

Walcott, C.D., 1914, "Cambrian geology and paleontology II," *Smithsonian Miscellaneous Collections*, 57, 14.

Xiao, S., Narbonne, G.M., Zhou, C., Laflamme, M., Grazhdankin, D.V., Moczydlowska-Vidal, M., and Cui, H., 2016, "Towards an Ediacaran time scale: problems, protocols, and prospects," *Episodes*, 39, 540-555.

제4장

캄브리아기Cambrian

지구의 역사에서 캄브리아기는 무척 중요하게 다루어진다. 왜냐하면 예전에 지질시대를 크게 나누었을 때, 캄브리아기 이전(은생누대 또는 선캄브리아시대)과 이후(현생누대)로 구분했던 오랜 전통 때문이다. 실제로 캄브리아기의 시작을 기준으로 이전의 암석에는 화석이 드물지만, 이후의 암석에는 화석이 많이 들어 있다. 캄브리아기 지층에 화석이 많은 배경에는 캄브리아기 시작 직전에 생물들이 골격을 가지게 되면서 생물들의 유해가 화석으로 많이 남겨졌기 때문이다.

캄브리아기에 접어들면서 크기가 무척 작은(1mm 미만) 소형패각화석小形貝殼化石이 발견되기는 하지만, 맨눈으로도 볼 수 있을 정도로 큰 골격화석이 많아진 때는 5억 2100만 년 전 무렵이다. 이 골격화석 중에서 가장 흔한 종류가 삼엽충이며, 그래서 캄브리아기를 '삼엽충의 시대'라고 부르기도 한다.

1. 캄브리아기의 유래

암석에 '캄브리아'라는 용어를 맨 처음 사용한 사람은 세지윅이다. 19세기 초엽, 영국 웨일스 북서부 지방을 연구했던 세지윅은 그 지역의 지층에 캄브리아계Cambrian System라는 이름을 붙였는데, '캄

삼엽충

삼엽충(trilobite)은 생물 분류에 따르면 절지동물문(節肢動物門) 삼엽충강(三葉蟲綱)에 속하는 생물이다. 삼엽충은 머리, 몸통, 꼬리로 나뉘며, 배 쪽에는 촉각과 많은 수의 다리가 달려 있다. 머리는 형태적으로 구조가 복잡해 삼엽충을 분류할 때 중요하게 다룬다. 몸통은 2-100여 개의 마디로 이루어지고, 몸을 동그랗게 움츠릴 수도 있다. 꼬리는 반원형 또는 삼각형이고, 가장자리는 보통 밋밋하지만 가시 모양의 돌기가 나 있는 경우도 있다. 삼엽충 화석의 크기는 보통 수 센티미터이지만, 알에서 막 깨어난 것은 0.3밀리미터에 불과하며 성체 중에서 큰 것은 70센티미터를 넘기도 한다.

삼엽충은 약 5억 2100만 년 전에 출현해 한동안 크게 번성하다가 오르도비스기 이후 쇠퇴하기 시작해 고생대가 끝날 무렵(2억 5190만 년 전) 지구에서 사라졌다. 현재 15,000종 이상의 삼엽충이 학계에 보고되었다. 삼엽충은 특히 캄브리아기에 번성했으며, 그래서 캄브리아기의 시대를 세분할 때 삼엽충 화석 자료를 중요하게 여긴다. 현재 캄브리아기는 4개의 세(世)와 10개의 절(節)로 나뉘는데, 이 중에서 8개 절의 황금못은 특정한 삼엽충 화석의 첫 출현으로 정해졌다.

브리아*Cambria*'는 웨일스Wales의 라틴어 표기다(제1장 참조). 19세기 학자들은 전문용어를 제안할 때 항상 라틴어로 표기했다. 캄브리아기라는 이름의 유래를 추적하다 보면, 현재 우리가 알고 있는 캄브리아기의 개념이 완성되기까지 우여곡절이 있었음을 알게 된다.

험준한 산악지역인 영국 웨일스 지방은 19세기 초만 해도 암석에 관한 연구가 거의 이루어지지 않았다. 당시 웨일스 지방의 암석은 베르너의 암석 분류 체계에 따르면(표 1 참조), 중간암군中間岩群에 속하는 것으로 알려져 있었다. 웨일스 지방의 암석은 습곡과 단층에 의해 심하게 변형되어 있었고, 따라서 지질구조가 복잡했으며 화석도 드물었다. 그래서 영국의 지질도를 처음 만들었던 스미스William Smith도 웨일스 지역을 조사할 때 무척 골치 아파했다고 전해진다. 그런데 1831년 영국의 지질학자 두 사람이 웨일스 지역의 암석 연구에 도전했다. 앞서 언급했던 세지윅과 머치슨이었다.

애덤 세지윅은 요크셔 지방의 작은 마을 덴트Dent에서 가난한 목사의 아들로 태어났다. 세지윅은 케임브리지 대학에서 수학과 신학을 공부했는데, 졸업 후에는 수학강사로 힘겹게 생활했다고 한다. 그런데 1818년에 케임브리지 대학의 우드워드 지질학 석좌교수Woodwardian Professor of Geology로 임명되었다. 19세기 초는 지질학이 하나의 독립된 학문분야로 자리 잡기 이전이었기 때문에 자연과학에 소양이 있는 사람이면 교수로 임용될 수 있었던 듯하다. 세지윅은 교수로 임용된 후 열심히 노력해 지질학의 중요성을 알리는 데 크게 기여했다. 현재 케임브리지 대학 지구과학박물관Sedgwick Museum of Earth Sciences에 세지윅의 이름이 붙여진 점에서 그의 위상을 엿볼 수 있다. 이와 관련해 흥미로운 사실은 당시 우드워드 지질학 교수직을 유지하기 위해서는 미혼未婚이어야 한다는 조건이 있었는데, 세지윅은 1873년 타계할 때까지 55년 동안 그 자리를 지켰다는 점이다. 이는 세지윅이 일생 결혼하지 않았음을 의미한다.

한편, 머치슨은 부유한 집안에서 태어나 영국 육군사관학교를 졸업한 다음, 8년 동안 군 복무를 하면서 여러 전투에 참전했다. 1815년 군에서 전역한 후, 무언가 일거리를 찾던 머치슨은 새로운 학문분야로 떠오르고 있던 지질학에 관심을 가지고 공부하기 시작했다. 1825년에 런던지질학회에 가입했고, 그 후 많은 연구 경력을 쌓아 1855년에 영국지질조사소 소장에 임명되었으며, 1866년에는 기사 작위도 받았다.

1831년 머치슨은 웨일스 지방을 조사하려는 계획을 세우고, 세지윅에게 함께 연구할 것을 제안했다. 그해 6월 머치슨은 마차를 타고 웨일스 남부 지역에 도착했는데, 부인과 하녀를 동반했다고 전해진다. 머치슨이 조사했던 암석은 석탄기 지층 아래에 놓여 있는 퇴적암으로 지층이 질서정연하게 쌓여 있었고, 삼엽충과 완족동물의 화석이 들어 있었다. 머치슨은 암석을 쌓인 순서에 따라 여러 개의 층으로 나누었고, 각 층에서 나오는 화석들을 체계적으로 정리했다. 그는 조사할 때 화석을 중요하게 고려했으며, 스미스의 '동물군 천이의 법칙'을 바탕으로 암석에 접근했다. 그리고 세지윅과 함께 발표했던 1835년의 논문에서 웨일스 남부 지역의 지층에 실루리아계 Silurian System라는 이름을 붙였다(Sedgwick and Murchison, 1835).

한편, 학교 일로 바빴던 세지윅은 1831년 8월 초에 웨일스 북서부 지역을 중심으로 지질조사를 시작했는데, 여기서 특기할 사항은 당시 케임브리지 대학을 갓 졸업했던 찰스 다윈이 지질조사에 참여했다는 점이다. 다윈은 웨일스에서 2주일 남짓한 야외조사를 수행하면서 세지윅으로부터 야외조사 방식과 표본 채집 기법을 배웠고, 이때의 경험이 훗날 비글호를 타고 남아메리카 대륙을 탐사할 때 큰 도움이 되었던 것으로 회고했다. 세지윅은 1835년 머치슨과 함께 발표한 논문에서 자신이 조사한 웨일스 북부 지역의 암석에 '캄브리아계Cambrian System'라는 이름을 붙였는데, 머치슨과 달리 세지윅은 화석에 큰 비중을 두지 않았다.

세지윅과 머치슨은 약 4년에 걸친 웨일스 지방의 조사 결과를 1835년 학술지에 공동으로 발표했는데(Sedgwick and Murchison, 1835), 당시 두 사람 모두 캄브리아기 지층 위에 실루리아기 지층이 놓인다는 사실에 의견의 일치를 보였다. 그 후에도 두 사람 사이의 관계는 좋았고, 머치슨은 1839년에 발간된 그의 유명한 저서 『실루리아계 *The Silurian System*』를 세지윅에게 헌정하기도 했다. 그 저서에는 실루리아기의 암석과 화석이 자세히 소개되어 있었고, 머치슨은 이후 유럽 여러 지역(러시아, 스칸디나비아, 프러시아, 보헤미아 등)에서 실루리아기 화석을 찾아내 실루리아기의 범위를 유럽의 다른 지역으로 넓혀 나갔다. 하지만 나중에 웨일스 지방을 조사했던 학자들 중에는 캄브리아기 지층과 실루리아기 지층을 구분하는 일이 쉽지 않다고 불평하는 사람이 많았다고 한다.

캄브리아기와 실루리아기를 구분하는 문제의 심각성을 알게 된 세지윅은 1842년과 1843년 웨일스 지방에 대한 추가 조사를 바탕으로 캄브리아기 지층과 하부 실루리아기 지층은 화석을 바탕으로 구분하기 어렵기 때문에 이들을 하나로 묶어야 한다고 제안했다. 한편, 실루리아기를 제안할 때 화석을 중요하게 다루었던 머치슨은 가장 오랜 화석이 실루리아기 지층에서 산출된다는 믿음을 가지고 있었고, 따라서 화석이 산출되는 구간은 모두 실루리아기에 속하며, 캄브리아기는 화석이 없는 구간으로 한정해야 한다고 주장했다. 1840년대까지만 해도 캄브리아기와 실루리아기에 관한 두 사람의 견해에 차이가 있기는 했지만, 두 사람 사이의 개인적 친분에 금이 간 것 같지는 않았다. 그런데 1850년대 초, 세지윅이 실루리아기의 대부분은 캄브리아기에 속해야 한다는 논문을 발표하면서 두 사람 사이의 관계는 벌어지기 시작했고, 이후 두 사람 사이의 불편한 관계는 죽을 때까지 이어졌다.

캄브리아기와 실루리아기의 영역 싸움에 얽혔던 문제에 해결책을 제시한 학자는 영국의 고생물학자 랩워스로, 1879년 발표한 논문에서 필석筆石 화석을 이용해 시대 구분이 가능함을 보여 주었다. 그는 필석 화석 연구결과를 바탕으로 캄브리아기 지층과 실루리아기 지층 사이의 구간에 오르도비스계Ordovician System라는 새로운 이름을 제안했다. 하지만 이 제안이 학계에서 곧바로 받아들여지지는 않았으며, 오르도비스기가 국제적으로 인정받은 것은 80여 년이 흐른 1960년에 이르러서였다.

2. 캄브리아기의 시작

세지윅이 캄브리아기를 제안했을 때, 그는 캄브리아기가 시작하면서 삼엽충이 출현한 것으로 이해했다. 당시 지질학자들은 동일과정설보다 천변지이적 사고에 기울어져 있었기 때문에 선캄브리아시대와 캄브리아기의 경계를 화석이 없는 구간에서 화석이 많아지는 구간으로 바뀌는 곳으로 생각했던 것이다. 당시 사람들은 잘 몰랐겠지만, 웨일스 지방의 캄브리아기 지층 바로 밑에는 부정합이 있었고, 따라서 캄브리아기 아래의 암석에서 화석이 산출되지 않았던 것이다. 그런데 20세기 후반에 들어와서 당시 소련蘇聯의 학자들이 삼엽충이 등장하기 이전에도 다양한 생물들이 살았었다는 논문을 잇달아 발표하면서 '선캄브리아시대-캄브리아기의 경계를 어디에 두어야 하는가?'라는 문제가 중요한 연구주제로 떠올랐다.

1960년에 캄브리아기의 층서 문제를 전문적으로 다루기 위한 국제기구로 국제캄브리아기층서위원회International Subcommission on Cambrian Stratigraphy가 발족되었는데, 이 위원회에서 다루어야 할 가장 중요한 사항은 캄브리아기의 시작을 정하는 일이었다. 1960년대에 접어들면서 소련의 고생물학자들이 시베리아 지방에서 삼엽충 산출 층준 아래에 있는 지층으로부터 다양한 소형패각화석small shelly fossil을 보고하면서 캄브리아기를 새로운 시각에서 바라보기 시작했다. 소형패각화석은 탄산칼슘 또는 인산칼슘 골격으로 이루어지며, 형태는 길쭉한 관管이나 고깔 모양 또는 판상板狀이고, 크기는 대부분 1밀리미터보다 작다. 다만, 소형패각화석이 어떤 동물 분류군에 속하는지는 밝혀지지 않았다.

1972년에 선캄브리아시대-캄브리아기 경계연구회가 결성되었는데, 이 연구회에서는 캄브리아기의 시작과 관련해 다음과 같은 기본원칙을 세웠다. ① 에디아카라 동물군은 선캄브리아시대에 속한다. ② 삼엽충은 캄브리아기에 속한다. ③ 에디아카라 동물군 마지막 산출과 삼엽충 첫 출현 사이의 어딘가에 선캄브리아시대-캄브리아기의 경계를 정한다.

1970년대 중반에는 소형패각화석이 많이 발견된 시베리아 토모트Tommot 지방의 이름을 딴 '토모시안Tommotian'이라는 새로운 지질시대 용어가 문헌에 자주 등장했는데, '토모시안'이 두 가지의 의미로 사용되면서 큰 혼란이 일어났다. 한편으로 러시아에서 삼엽충 산출 이전의 지질시대 중 하나로 토모트절Tommotian Age이 사용되었고, 다른 한편으로는 이 용어가 삼엽충 산출 층준 아래에 놓인 하부 캄브리아기 지층을 모두 아우르는 의미로도 쓰였다. 그런데 소형패각화석은 탄산염암에서만 산출되었으며, 쇄설성碎屑性 퇴적암에서는 발견되지 않았다. 이러한 문제점을 보완하기 위해서 1970년대 후반에는 생흔화석生痕化石도 선캄브리아시대-캄브리아기의 경계를 정하는 중요한 기준으로 고려해야 한다는 주장이 등장했는데, 이는 생흔화석이 동물 진화과정의 중요한 단계를 반영할 뿐만 아니라 탄산염암과 쇄설성 퇴적암에서 모두 산출되었기 때문이었다.

선캄브리아시대-캄브리아기 경계연구회는 세계 곳곳의 선캄브리아시대-캄브리아기 경계가 있는 지역들을 답사하면서 황금못 후보지를 찾기 위한 노력을 기울였다. 그 결과 1983년에 이르러 캄브리아기 황금못의 후보지역으로 시베리아의 울라칸-술루구르Ulakhan-Sulugur 단면, 중국 윈난성雲南省의 메이슈춘梅树村, Meishucun 단면, 캐나다 뉴펀들랜드Newfoundland섬의 부린Burin 반도에 있는 포춘 헤드Fortune Head 단면 등 3곳이 등장했다. 이 중에서 시베리아와 남중국의 선캄브리아시대-캄브리아기 경계 구간은 연구도 많이 이루어졌고, 소형패각화석이 풍부하게 산출되는 점에서 캄브리아기 황금못의 후보로 주목을 받았다. 하지만 두 지역에 대한 연구가 자세히 진행되면서 그곳의 선캄브리아시대-캄브리아기 경계 구간에서 퇴적작용이 중단되었던 적이 있었다는 사실, 그리고 그곳에서 산출된 소형패각화석군 자료를 다른 지역과 대비하기 어렵다는 점 등이 드러나면서 황금못으로 적합하지 않다는 주장이 제기되었다.

국제캄브리아기층서위원회에서 캄브리아기의 황금못은 가장

오랜 소형패각화석이 산출되는 구간에서 국제적 대비가 가능한 층준에 두어야 한다는 기본 원칙을 정함에 따라 캐나다 뉴펀들랜드섬의 부린 반도가 강력한 황금못 후보지로 떠올랐다. 왜냐하면, 부린 반도의 선캄브리아시대-캄브리아기 경계 구간은 쇄설암과 탄산염암이 섞여 있어서 소형패각화석과 생흔화석이 모두 산출되었기 때문이다.

1980년대 후반에 소형패각화석과 관련된 두 가지 문제점이 제기되었다. 하나는 소형패각화석 생물이 얕은 바다의 탄산염 환경에서 살았기 때문에 토착성이 강하며, 따라서 국제적 대비에 한계가 있을 수밖에 없다는 점이다. 다른 하나는 소형패각화석의 형태적 변이가 심해 안정적인 분류가 어렵다는 점이었다. 이에 따라 캄브리아기의 황금못은 소형패각화석보다 오랜 층준에서 산출되는 특정한 생흔화석을 기준으로 정하는 것이 바람직하다는 방향으로 기울었다. 이때, 주목을 받은 생흔화석이 *Phycodes pedum*(현재는 *Treptichnus pedum*으로 불림)인데, 이 화석은 캐나다 뉴펀들랜드섬의 부린 반도에 흔할 뿐만 아니라 남극대륙을 제외한 모든 대륙에서 보고되었기 때문이다.

20년 가까운 연구와 논의를 바탕으로 국제캄브리아기층서위원회는 1991년 그동안 캄브리아기 황금못의 후보지로 고려되었던 3곳을 대상으로 투표를 실시했는데, 캐나다 뉴펀들랜드섬 부린 반도의 포춘 헤드 단면이 52%, 중국의 메이슈춘 단면은 35%, 그리고 시베리아의 울라칸-술루구르 단면은 13%의 지지를 받았다. 한 지질시대의 황금못으로 선정되기 위해서는 층서위원회 상임위원 60% 이상의 찬성을 얻어야 하기 때문에 1위를 차지한 캐나다 포춘 헤드 단면을 대상으로 찬반투표를 실시했다. 투표 결과, 국제캄브리아기층서위원회 상임위원의 61%가 포츈 헤드 단면을 캄브리아기의 황금못으로 정하는 데 찬성했다. 이러한 과정을 거쳐서 확정된 캄브리아기 황금못은 1992년 국제층서위원회와 국제지질과학연맹으로부터 승인을 받았다.

1972년 선캄브리아시대-캄브리아기 경계연구회가 결성된 이후 20년의 노력 끝에 확정된 캄브리아기 황금못은 캐나다 뉴펀들랜드섬의 동부 포츈 헤드 해안 단면에 드러난 채플 아일랜드층Chaple Island Formation 쿠아코 로드 멤버Quaco Road Member의 바닥에서 위로 2.4미터 층준에 위치하며, 생흔화석 *Treptichnus pedum*이 첫 출현하는 곳이다(Brasier et al., 1994)(캐나다 정부에서는 현재 이곳을 보호지역으로 지정했으며, 구글 지도에서 'Fortune Head Geology Centre'를 검색하면 황금못의 위치와 부근의 전경을 볼 수 있다).

1992년 황금못이 정해졌을 때 캄브리아기의 시작은 5억 4400만 년 전이었는데, 후속 연구가 이어지면서 캄브리아기의 시작은 한동안 5억 4100만 년 전으로 알려졌다. 그런데 가장 최근 자료에 의하면, 아프리카 나미비아의 선캄브리아시대-캄브리아기 경계 구간에서 이루어진 자세한 연구에 의해 캄브리아기 시작의 절대연령은 5억 3880만 년 전으로 수정되었다(Linnemann et al., 2019). 캄브리아기의 끝은 오르도비스기의 시작과 같은데, 오르도비스기의 시작이 4억 8685만 년 전이므로 캄브리아기의 지속기간은 5195만 년이다.

3. 캄브리아기의 시대 세분

20세기까지만 해도 캄브리아기는 보통 전기 세, 중기 세, 후기 세로 나뉘어 사용되었다. 하지만 당시 캄브리아기를 3개의 세로 나누는 뚜렷한 학술적 근거는 없었으며, 캄브리아기를 세분하는 방식은 나라마다 또 대륙마다 달랐다. 우리나라에서도 캄브리아기는 전통적으로 전기, 중기, 후기로 나뉘었다. 예를 들면 태백층군의 경우, 장산층은 전기 캄브리아기, 묘봉층과 대기층은 중기 캄브리아기, 그리고 세송층과 화절층은 후기 캄브리아기에 속하는 것으로 다루어졌다. 하지만 지금은 그러한 시대 구분을 하지 않는다(좀 더 자세한 내용은 Choi et al.(2016) 참조).

21세기에 접어들었을 때, 캄브리아기의 시작과 끝—즉, 캄브리아기 황금못과 오르도비스기 황금못—이 모두 확정되었음에도 불구하고, 캄브리아기 내의 시대 세분은 전혀 이루어지지 않았다. 모든 지질시대의 황금못은 특정한 표준화석에 의해 정해져야 한다는 국제층서위원회의 기본 지침에 따라 캄브리아기 내에서도 국제적 대비가 가능한 표준화석의 산출 양상에 대한 자세한 자료가 필요했다. 2000년 국제캄브리아기층서위원회에서는 국제적 대비에 유용할 것으로 생각되는 14개의 층준을 캄브리아기 내의 지질시대 세분을 위한 기초자료로 제시했다(Geyer and Shergold, 2000).

이 자료를 바탕으로 오랜 논의를 거친 끝에 2004년 한국에서 열린 국제캄브리아기층서위원회 학술회의에서 캄브리아기를 4개의 세世와 10개의 절節로 나누기로 결정했다(Babcock et al., 2005). 캄브리아기의 시작과 끝은 이미 확정되어 있었으므로 캄브리아기를

표 7. 캄브리아기의 지질시대 세분

기(Period)	세(Epoch)	절(Age)	기준이 된 표준화석/황금못의 위치 (황금못의 시작)
캄브리아기 (Cambrian)	푸롱 (Furongian)	제10절 (Cambrian Age 10)	삼엽충 *Lotagnostus americanus* 또는 코노돈트 *Eoconodontus notchpeakensis*의 FAD/미확정 (4억 9100만 년 전)
		지앙산 (Jiangshanian)	삼엽충 *Agnostotes orientalis*의 FAD/ 중국 저장성 (4억 9420만 년 전)
		파이비 (Paibian)	삼엽충 *Glyptagnostus reticulatus*의 FAD/ 중국 후난성 (4억 9700만 년 전)
	미아오링 (Miaolingian)	구장 (Guzhangian)	삼엽충 *Lejopyge laevigata*의 FAD/ 중국 후난성 (5억 50만 년 전)
		드럼 (Drumian)	삼엽충 *Ptychagnostus atavus*의 FAD/ 미국 유타주 (5억 450만 년 전)
		울리우 (Wuliuan)	삼엽충 *Oryctocephalus indicus*의 FAD/ 중국 구이저우성 (5억 900만 년 전)
	제2세 (Cambrian Epoch 2)	제4절 (Cambrian Age 4)	삼엽충 olenellid 또는 redlichiid의 FAD?/미확정 (5억 1450만 년 전)
		제3절 (Cambrian Age 3)	삼엽충의 첫 출현?/미확정 (5억 2100만 년 전)
	테레누브 (Terreneuvian)	제2절 (Cambrian Age 2)	소형패각화석?/미확정 (5억 2900만 년 전)
		포츈 Fortunian	생흔화석 *Treptichnus pedum*의 FAD/ 캐나다 뉴펀들랜드섬 (5억 3880만 년 전)

※주: FAD(First Appearance Datum, 첫 출현)

10개의 절로 나누기 위해서는 9개의 표준화석 층준이 필요했다. 이때 이미 확정된 황금못이 하나 있었는데, 그것은 2003년에 공인된 푸룽세(동시에 파이비절)였다. 이후 다른 시대의 황금못들이 잇달아 공인되었는데, 이들을 공인받은 순서에 따라 나열하면, 2006년 드럼절, 2007년 테레누브세와 포춘절, 2008년 구장절, 2011년 지앙산절, 2018년 미아오링세와 울리우절이다. 그러므로 현재까지 캄브리아기의 지질시대 중에서 3개 세와 6개 절의 황금못이 확정되었으며, 1개 세와 4개 절은 아직도 황금못 선정을 기다리고 있다(표 7).

1) 테레누브세

테레누브세Terreneuvian Epoch는 포춘절과 제2절로 나뉜다. 위에서 이미 소개한 것처럼 캄브리아기 황금못(동시에 테레누브세의 황금못)은 1992년 캐나다 뉴펀들랜드섬의 동부 포춘 헤드에서 정해졌다. 그러므로 캄브리아기의 첫 번째 세와 첫 번째 절의 황금못은 1992년에 정해졌다. 단지 공식적인 지질시대 이름을 정하는 일이 필요했는데, 캄브리아기 첫 번째 세와 첫 번째 절의 이름이 정해진 때는 2007년으로 각각 테레누브세와 포춘절이라는 이름이 붙여졌다(Landing et al., 2007).

'테레누브'라는 이름은 'Terre Neuve'에서 따왔는데, 이는 '새롭게 찾은 땅'이라는 의미인 '뉴펀들랜드Newfoundland'의 프랑스어 표현으로 17세기에 뉴펀들랜드섬이 프랑스 식민지였을 때 불렸던 지명이다. 테레누브세의 시작은 5억 3880만 년 전 그리고 끝은 잠정적으로 5억 2100만 년 전으로 알려져 있다.

포춘절: 포춘절Fortunian Age은 캄브리아기의 첫 번째 절節일 뿐만 아니라 동시에 원생누대와 현생누대 그리고 에디아카라기와 캄브리아기를 나누는 중요한 시점이다. 포춘절의 황금못은 테레누브세의 황금못이고, 동시에 캄브리아기의 황금못이기도 하다. '포춘'이라는 이름은 황금못이 위치한 포춘 헤드에서 따왔다. 포춘절은 5억 3880만 년 전에서 5억 2900만 년 전까지의 기간이다.

제2절: 캄브리아기 제2절Cambrian Age 2은 아직 황금못이 정해지지 않았기 때문에 '제2절'이라는 비공식적 용어가 쓰이고 있다. 현재 포춘절과 '제2절'의 경계를 정하는 기준은 소형패각화석이나 고배류古杯類 화석 중에서 찾고 있는데, 이들이 모두 토착성이 강한 생물이었기 때문에 아직까지 황금못을 정하지 못하고 있다. 제2절의 지속기간은 잠정적으로 약 5억 2900만 년 전에서 5억 2100만 년 전까지로 알려졌다.

2) 제2세

캄브리아기 제2세Cambrian Epoch 2는 제3절과 제4절로 나뉜다. 제2세의 황금못은 아직 정해지지 않았지만, 국제캄브리아기층서위원회는 제2세의 시작을 삼엽충이 첫 출현한 시점으로 정하고 싶어 한다. 문제는 삼엽충의 첫 출현 시점이 지역마다 달라서 삼엽충의 첫 출현을 바탕으로 황금못을 정하는 일이 쉽지 않다는 점이다.

캄브리아기의 대표적 화석인 삼엽충의 첫 출현은 생물의 역사에서 중요한 사건이며, 아울러 이 무렵부터 동물들이 빠르게 다양해지기 시작했기 때문에 진정한 의미의 캄브리아기 생물대폭발

Cambrian explosion은 제2세부터 일어났다고 말할 수 있다. 현재 잠정적으로 정해진 제2세의 시작은 약 5억 2100만 년 전 그리고 끝은 약 5억 900만 년 전이다.

제3절: 캄브리아기 제3절Cambrian Age 3의 황금못을 삼엽충이 첫 출현하는 층준에 두려고 하지만, 삼엽충들이 강한 토착성을 보여 주기 때문에 아직 적절한 화석을 찾지 못하고 있다. 또한 삼엽충의 첫 출현 시기는 대륙마다 약간의 시차時差를 보인다. 따라서 이에 대한 대안으로 삼엽충이 첫 출현하는 층준 부근에서 산출되는 소형패각화석 중에서 전 세계적인 분포를 보여 주는 종種을 찾아 황금못의 기준으로 정하자는 의견도 있다. 현재 지질시대표에 표기된 제3절은 5억 2100만 년 전에서 5억 1450만 년 전까지의 기간이다.

제4절: 캄브리아기 제4절Cambrian Age 4의 황금못은 아직 정해지지 않았다. 현재 제4절의 황금못을 정하는 기준으로 특정한 삼엽충을 찾고 있는 중이다. 예를 들면, 올레넬리드olenellid류 또는 레드리키드redlichiid류에 속하는 삼엽충인데, 이들은 제2세가 끝날 무렵에 모두 멸종했다. 현재 잠정적으로 정해진 제4절은 5억 1450만 년 전에서 5억 900만 년 전까지의 기간이다.

3) 미아오링세

미아오링세Miaolingian Epoch는 울리우절, 드럼절, 구장절로 나뉜다. 미아오링세의 황금못은 울리우절의 황금못과 같다(아래 울리우절 참조). '미아오링'이라는 이름은 황금못이 위치한 중국 구이저우성貴州

省 미아오링苗岭 지질공원에서 따왔다(Zhao et al., 2019). 미아오링세의 시작은 5억 900만 년 전 그리고 끝은 4억 9700만 년이다.

울리우절: 캄브리아기의 5번째 절인 울리우절Wuliuan Age은 2018년에 공인되었다. 울리우절의 황금못(동시에 미아오링세의 황금못)은 중국 구이저우성 발랑八郎 마을 북쪽 능선에 드러난 카일리凯里, Kaili 층의 바닥에서 위로 52.8미터 층준에 있으며, 삼엽충 *Oryctocephalus indicus*의 첫 출현으로 정해졌다(Zhao et al., 2019). '울리우'라는 이름은 황금못 부근에 있는 울리우乌溜 산에서 따왔다. 울리우절은 5억 900만 년 전에서 5억 450만 년 전까지의 기간이다.

드럼절: 드럼절Drumian Age은 2006년에 공인되었다. '드럼'이라는 이름은 황금못이 위치한 미국 유타주 서부의 드럼산맥Drum Mountains에서 따왔으며, 황금못은 드럼산맥 능선을 따라 드러난 휠러층Wheeler Formation의 바닥으로부터 위로 62미터 층준에서 삼엽충 *Ptychagnostus atavus*의 첫 출현으로 정해졌다(Babcock et al., 2007). 이 화석은 우리나라의 영월층군 마차리층에서도 보고되었다. 드럼절은 5억 450만 년 전에서 5억 50만 년 전까지의 기간이다.

구장절: 구장절Guzhangian Age은 2007년에 공인되었다. 구장절의 이름은 황금못이 위치한 중국 후난성湖南省 구장현古丈縣에서 따왔으며, 황금못은 여우수이酉水강을 따라 드러난 루오이시罗依溪 단면의 후아치아오华侨층 바닥으로부터 위로 121.3미터 층준에서 삼엽충 *Lejopyge laevigata*의 첫 출현으로 정해졌다(Peng et al., 2009). 구장절

은 5억 50만 년 전에서 4억 9700만 년 전까지의 기간이다.

4) 푸룽세

푸룽세Furongian Epoch는 파이비절, 지앙산절, 제10절로 이루어진다. 푸룽세의 황금못은 파이비절의 황금못과 같다(아래 파이비절 참조). '푸룽Furong'이라는 이름은 중국어로 연꽃이라는 의미의 부용芙蓉에서 따왔으며, 이는 후난성의 상징이 연꽃인 데서 유래한다. 푸룽세는 4억 9700만 년 전에서 4억 8685만 년 전까지의 기간이다.

파이비절: 캄브리아기의 8번째 절인 파이비절Paibian Age은 2003년에 공인을 받았다(Peng et al., 2004). 파이비절의 황금못은 푸룽세의 황금못이기도 하며, 중국 후난성 화위안현花垣縣의 파이비 단면에 드러난 후아치아오층의 바닥으로부터 위로 369미터 층준에서 삼엽충 *Glyptagnostus reticulatus*의 첫 출현으로 정해졌다. '파이비'라는 이름은 황금못이 위치한 마을 파이비排碧에서 따왔다.

삼엽충 *Glyptagnostus reticulatus*는 캄브리아기를 대표하는 표준화석으로 매우 짧은 기간 생존했을 뿐만 아니라 전 세계적인 분포를 보여 주는 점이 특징이다. 이 화석은 우리나라의 영월층군 마차리층에서도 보고되었다. 파이비절의 지속기간은 4억 9700만 년 전에서 4억 9420만 년 전까지다.

지앙산절: 지앙산절Jiangshanian Age은 2011년에 공인되었다. 지앙산절의 황금못은 중국 저장성浙江省 지앙산시江山市 두이비안Duibian 마을에 드러난 화얀시华严寺층의 바닥으로부터 위로 108.12미터 층준

에 있으며, 삼엽충 *Agnostotes orientalis*의 첫 출현에 의해 정해졌다 (Peng et al., 2012). 이 화석도 우리나라의 영월층군 마차리층에서 보고되었다. 지앙산절은 4억 9420만 년 전에서 약 4억 9100만 년 전까지의 기간이다.

제10절: 캄브리아기 제10절Cambrian Age 10의 황금못은 아직 정해지지 않았다. 국제캄브리아기층서위원회에서는 삼엽충 *Lotagnostus americanus*의 첫 출현을 황금못의 기준으로 정하기로 의견을 모았었지만, 이후 이 삼엽충의 분류학적 문제점이 제기되었고, 다른 한편으로는 코노돈트 *Eoconodontus notchpeakensis*가 황금못의 기준으로 더 적합하다는 주장이 제기되었기 때문이다. 현재 국제층서위원회의 지질시대표에는 제10절의 지속기간을 4억 9100만 년 전에서 4억 8685만 년 전까지로 표기하고 있다.

요약

캄브리아기는 현생누대의 첫 번째 지질시대로 5억 3880만 년 전에서 4억 8685만 년 전까지의 기간이다. 캄브리아기의 황금못은 캐나다 뉴펀들랜드섬 동부 해안의 포춘 헤드 단면에 드러난 채플 아일랜드층 쿠아코 로드 멤버의 바닥으로부터 위로 2.4미터 층준이며, 생흔화석 *Treptichnus pedum*의 첫 출현으로 정해졌다. 캄브리아기는 4개의 세와 10개의 절로 나뉘는데, 현재 3개의 세(테레누브세, 미아오링세, 푸롱세)와 6개의 절(포춘절, 울리우절, 드럼절, 구장절, 파이비절, 지앙산절)의 황금못은 확정되었고, 앞으로 황금못이 정해져야 하는 시대는 '제2세'와 '제2절', '제3절', '제4절', '제10절'이다.

참고문헌

Babcock, L.E., Peng, S., Geyer, G., and Shergold, J.H., 2005, "Changing perspectives on Cambrian chronostratigraphy and progress toward subdivision of the Cambrian System," *Geosciences Journal*, 9, 101-106.

Babcock, L.E., Robison, R.A., Rees, M.N., Peng, S., and Saltzman, M.R., 2007, "The global boundary stratotype section and point (GSSP) of the Drumian Stage (Cambrian) in the Drum Mountains, Utah, USA," *Episodes*, 30, 84-94.

Brasier, M., Cowie, J., and Taylor, M., 1994, "Decision on the Precambrian-Cambrian boundary stratotype," *Episodes*, 17, 3-8.

Choi, D.K., Lee, J.G., Lee, S.-B., Park, T.-Y.S., and Hong, P.S., 2016, "Trilobite biostratigraphy of the lower Paleozoic (Cambrian-Ordovician) Joseon Supergroup, Taebaeksan Basin, Korea," *Acta Geologica Sinica (English Edition)*, 90, 1976-1999.

Geyer, G. and Shergold, J.H., 2000, "The quest for internationally recognized divisions of Cambrian time," *Episodes*, 23, 188-195.

Landing, E., Peng, S., Babcock, L.E., Geyer, G., and Moczydlowska-Vidal, M., 2007, "Global standard names for the lowermost Cambrian series and stage," *Episodes*, 30, 287-289.

Linnemann, U., Ovtcharova, M., Schaltegger, U., Gärtner, A., Hautmann, M., Geyer, G., Vickers-Rich, P., Rich, T., Plessen, B., Hofmann, M., Zieger, J., Krause, R., Kriesfeld, L., and Smith, J., 2019, "New high-resolution age data from the Ediacaran-Cambrian boundary indicate rapid, ecologically driven onset of the Cambrian explosion," *Terra Nova*, 31, 49-58.

Peng, S., Babcock, L.E., Robison, R.A., Lin, H., Rees, M.N., and Saltzman, M.R., 2007, "Global standard stratotype-section and point (GSSP) of the Furongian Series and Paibian Stage (Cambrian)," *Lethaia*, 37, 365-379.

Peng, S., Babcock, L.E., Zuo, J., Lin, H., Zhu, X., Yang, X., Robison, R.A., Qi, Y., Bagnoli, G., and Chen, Y., 2009, "The global boundary stratotype section and point (GSSP) of the Guzhangian Stage (Cambrian) in the Wuling Mountains, northwestern Hunan, China," *Episodes*, 32, 41-55.

Peng, S., Babcock, L.E., Zuo, J., Zhu, X., Lin, H., Yang, X., Yang, X., Qi, Y., Bagnoli, G., and Wang, L., 2012, "Global standard stratotype-section and point (GSSP) for the base of the Jiangshanian Stage (Cambrian: Furongian) at Duibian, Jiangshan, Zhejiang, southeast China," *Episodes*, 35, 462-477.

Sedgwick, A. and Murchison, R.I., 1835, "On the Silurian and Cambrian Systems, exhibiting the order in which the older sedimentary strata succeed each other in England and Wales," Report of the British Association for the Advancement of Science, Dublin, Transactions and Secs, 59-61.

Zhao, Y., Yuan, J., Babcock, L.E., Guo, Q., Peng, J., and Yin, L., 2019, "Global standard stratotype-section and point (GSSP) for the conterminous base of the Miaolingian Series and Wuliuan Stage (Cambrian) at Balang, Jianhe, Guizhou, China," *Episodes*, 42, 165-184.

제5장

오르도비스기 Ordovician

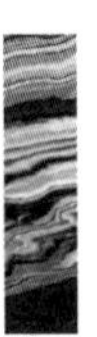

지질시대의 경계는 화석 기록으로 남겨진 동물계의 내용이 크게 바뀌는 층준에서 정해진다. 특히 고생대와 중생대 그리고 중생대와 신생대의 경계에서 동물계의 내용이 바뀌는 양상은 매우 뚜렷하다. 예를 들면, 고생대 끝날 무렵에는 삼엽충과 방추충을 비롯한 고생대의 대표적 동물들이 멸종했으며, 중생대 말에는 공룡과 암모나이트가 지구상에서 완전히 사라졌다.

그런데 1980년대 초 미국의 고생물학자 셉코스키Joseph Sepkoski (1948-1999)가 현생누대 기간 중 주요 동물들의 출현과 멸종을 추적해 전통적인 지질시대 구분과 약간 다른 생물 진화 양상을 찾아냈다(Sepkoski et al., 1981). 그는 이 연구를 바탕으로 현생누대의 해양 동물계를 캄브리아 진화동물군, 고생대 진화동물군, 현대 진화동물군으로 나누었다. 각 진화동물군의 특징을 요약하면 다음과 같다.

캄브리아 진화동물군Cambrian evolutionary fauna은 주로 캄브리아기에 번성했던 동물들로 이루어지며, 그중 대표적 생물이 삼엽충이다. 삼엽충은 캄브리아기의 얕은 바다에 살면서 크게 번성했지만, 오르도비스기 이후 급격히 쇠퇴했다. 삼엽충 외에 캄브리아 진화동물군에 속하는 동물에는 원시형의 완족동물, 연체동물, 극피동물 등이 있다.

고생대 진화동물군Paleozoic evolutionary fauna은 캄브리아 동물군을 이어받은 해양 동물군을 일컫는데, 여기에 속하는 대표적 동물은 완족동물, 바다나리, 산호, 두족류 등이며, 주로 물속에 들어 있는 영양분을 걸러 먹는 종류들이다. 오르도비스기 이후 고생대 동물군이 얕은 바다에서 번성하면서 캄브리아 동물군은 이들을 피해 깊은 바다로 서식지를 옮겼고, 그 결과 고생대 동물군이 오르도비스기에서 페름기에 이를 때까지 해양 생물계를 지배했다. 그러므로 진정한 의미의 고생대는 오르도비스기에 시작되었다고 말할 수 있다.

중생대에 들어서면 해양 동물계의 모습은 오늘날과 비슷해지는데, 그래서 이들을 현대 진화동물군modern evolutionary fauna이라고 부른다. 현대 진화동물군은 오늘날 바다에 많이 살고 있는 종류인 조개, 소라, 어류, 성게 등으로 이루어진다. 물론 이 생물들이 처음 등장한 때는 고생대이지만, 고생대에는 더디게 발전하다가 중생대 이후 크게 번성했다.

1. 오르도비스기의 유래

앞 장에서 소개한 것처럼, 19세기 중엽 영국 지질학계에서는 캄브리아기와 실루리아기를 구분하는 문제를 놓고 격렬한 논쟁이 벌어졌다. 당시 영국과 유럽의 지질학자들은 하부 고생대층이 화석군의 특징에 따라 크게 3부분으로 나뉜다는 사실을 알고 있었다. 가장 오랜 화석군은 '원시 동물군Primordial fauna', 그리고 그 위에 오는 화석군은 머치슨에 의해 '제1동물군First fauna'과 '제2동물군Second fauna'으로 명명되었다. 그런데 세지윅을 지지하는 학자들은 원시동물군과 제1동물군에 속하는 하부 구간을 캄브리아기에 소속시키고, 실루리아기는 제2동물군에 해당하는 상부 구간으로 국한시켰다. 반면에 머치슨의 생각에 동조하는 학자들은 하부 고생대 세 동물군이 모두 실루리아기에 속한다고 주장하면서 하부 고생대를 원시 실루리아기, 전기 실루리아기, 후기 실루리아기로 부르기도 했다.

1840년대부터 시작된 캄브리아기-실루리아기 논쟁에 해결책을 제시한 사람은 영국의 고생물학자 랩워스였다. 랩워스는 영국 옥스퍼드 부근의 작은 마을에서 태어나 젊었을 때는 사립학교의 교사로 일했다. 처음에는 취미활동으로 지질조사를 시작했는데, 지질학에 흥미를 느껴 스코틀랜드 남부 지방의 암석을 집중적으로 조사했다. 특히 실루리아기 암석에 들어 있는 필석筆石을 비롯한 여러 가지 화석을 연구해 좋은 논문을 발표했다. 이러한 연구업적을 인정받아 랩워스는 1881년 메이슨 컬리지Mason College(지금의 University of Birmingham)의 지질학 교수로 임용되었으며, 나중에는 런던지질학회장을 역임하기도 했다.

랩워스는 세지윅이 후기 캄브리아기라고 주장하고 머치슨이 전기 실루리아기로 다루었던 구간(당시 영국의 암석층서 체계에 의하면, 아레닉Arenig 층군, 란데일로Llandeillo 층군, 카라독Caradoc 층군을 아우르는 구간)은 필석 화석에 의해 위아래의 지층과 구분이 가능하다는 사실을 알아냈고, 1879년에 발표한 논문에서 이 구간에 오르도비스계Ordovician System라는 새로운 지질시대명을 제안했다(Lapworth, 1879). 영국에서 '오르도비스기'라는 이름이 쓰이기 시작한 것은 20세기에 들어와서의 일이며, 오르도비스기가 공식적인 지질시대로 받아들여진 때는 1960년 덴마크 코펜하겐에서 열렸던 국제지질학총회International

필석

필석(筆石, graptolites)은 고생대층에서 발견되는 화석으로 그 모습이 마치 암석 표면에 연필로 글씨를 쓴 것처럼 보인다고 해서 붙여진 이름이다. 필석의 분류학적 위치에 관한 의견이 분분했지만, 지금은 척삭동물(脊索動物)에 속하는 하나의 강(綱)으로 다루어진다. 필석은 군체(群體)동물이다. 즉, 필석은 여러 개의 개체가 모여 하나의 생물처럼 생활한다는 뜻이다. 한 개체는 컵 모양의 방에 들어 있는데, 그 크기는 1-2밀리미터에 불과하다.

필석은 대부분 바다에서 떠돌며 생활했을 것으로 추정되지만, 바닥에 붙어서 살았던 종류도 있었다. 필석은 캄브리아기에 출현해 오르도비스기와 실루리아기에 크게 번성해 표준화석으로 이용되고 있다. 그러나 데본기 이후 쇠퇴하기 시작해 석탄기에 이르러 멸종했다.

Geological Congress에서였으므로 그 이름이 제안된 지 거의 80년이 지난 후였다.

랩워스가 오르도비스기를 제안했을 때, 그 시작을 아레닉 층군의 바닥에 두었는데, 현재 오르도비스기의 시작은 아레닉보다 아래에 있는 트레마독절Tremadocian Age의 시작으로 정해졌다. 따라서 오르도비스기의 개념은 랩워스가 처음에 제안했을 때보다 넓어졌다. 영국 웨일스 지방의 트레마독 층군Tremadoc Group은 1847년 세지윅에 의해 명명되었고, 당시에는 캄브리아기에 속하는 지층으로 다루어졌다. 20세기에 접어들어서도 영국에서는 트레마독 층군을 캄브리아기에 속하는 지층으로 다루었지만, 스칸디나비아 지역의 학자들은 트레마독절에 속하는 필석 화석이 들어 있는 지층을 오르도비스기에 소속시켰다. 따라서 오르도비스기의 개념은 지역에 따라 다르게 받아들여졌고, 이러한 혼란은 20세기 중엽까지 이어졌다.

2. 오르도비스기의 시작

1960년에 이르러서 '오르도비스기'는 공식적인 지질시대가 되었다. 하지만 당시에는 오르도비스기의 개념이 명확하게 정립되지 않았다. 그 후, 캄브리아기-오르도비스기의 경계—즉, 오르도비스기의 시작—에 관한 논의에 불을 지핀 사람은 노르웨이의 고생물학자 헤닝스모엔Gunnar Henningsmoen(1919-1996)이었다. 그는 캄브리아기-오르도비스기의 경계에 관한 정의定義가 혼란스러움을 지적하면서 오르도비스기의 시작을 3개의 층준—트레마독절의 시작, 트레마독절의 중간, 아레닉절의 시작—중에서 택할 것을 제안했다(Henningsmoen, 1973).

1974년에 국제오르도비스기층서위원회는 캄브리아기-오르도비스기 경계연구회를 발족했고, 이 연구회에 세계 곳곳의 캄브리아기-오르도비스기 경계 구간에 대한 층서·고생물학적 자료를 검토해 오르도비스기의 황금못을 정하도록 하는 임무를 맡겼다. 이 연구회에는 영국, 미국, 캐나다, 스웨덴, 노르웨이, 오스트레일리아, 뉴질랜드의 관련 전문가들이 참여했다. 이들은 캄브리아기-오르도비스기 경계 구간에 관한 연구가 많이 이루어진 스칸디나비아, 미국, 캐나다, 오스트레일리아, 중국, 카자흐스탄 등지를 답사하면서 오르도비스기의 황금못을 찾기 위한 활동을 시작했다.

그 후 10년 가까운 연구를 바탕으로 1983년 캄브리아기-오르도비스기 경계연구회는 캄브리아기-오르도비스기 경계를 웨일스에서 정해진 트레마독절의 시작과 가까운 층준에 설정하기로 의견을 모았다. 1985년에는 오르도비스기의 황금못을 정하는 기준을 코노돈트 화석 중에서 택하고, 황금못은 부유성 필석 화석이 처음 출현하는 층준 부근에서 정하기로 결정했다.

1980년대 후반에 이르러 오르도비스기의 황금못 후보지역으로 캐나다 뉴펀들랜드섬의 그린 포인트Green Point 단면과 중국 지린성吉林省 다양차大陽岔, Dayangcha 단면이 선정되었다. 1990년 캄브리아기-오르도비스기 경계연구회의 위원들이 시베리아의 노보시비리스크Novosibirisk에 모여 두 후보지역을 놓고 투표했는데, 15명의 위원 중에서 7명은 중국 다양차 단면, 4명은 캐나다 그린 포인트 단면을 지지했고, 나머지 4명은 기권했다. 그런데 국제층서위원회의 규정에 의하면, 한 지질시대의 황금못으로 선정되기 위해서는 위원 60% 이상의 찬성이 필요했기 때문에 이 회의에서 오르도비스기의 황금못을 정할 수 없었다. 2년 후인 1992년 가장 많은 지지를 받은 중국 다양차 단면을 오르도비스기의 황금못으로 확정하는 문제를 놓고 다시 투표를 했는데, 이번에도 15명의 위원 중 찬성 8명, 반대 6명, 기권 1명이라는 표결 결과가 나와서 오르도비스기의 황금못을 정하지 못했다.

결국 20년 가까운 현장답사와 논의에도 불구하고 오르도비스기의 황금못을 정하지 못했기 때문에 국제층서위원회는 캄브리아기-오르도비스기 경계연구회를 새롭게 구성할 것을 권유했다. 그래서 1992년 캄브리아기-오르도비스기 경계연구회의 위원을 대폭 교체했는데, 당시 국제 학계에 새롭게 등장한 러시아와 중국의 학자들을 연구회에 포함시켰다. 새롭게 구성된 캄브리아기-오르도비스기 경계연구회는 3곳을 오르도비스기의 황금못 후보로 선정하고, 타당성 조사에 들어갔다. 1순위 후보는 중국 지린성의 다양차 단면이었고, 2순위는 캐나다 뉴펀들랜드섬의 그린 포인트 단면, 그리고 3순위로 미국 유타주의 로손 코브Lawson Cove 단면이 추가되었다.

1996년 5월, 세 지역에 대한 추가 연구결과를 바탕으로 다시 투표했는데, 1위는 그린 포인트 단면(6표), 2위는 로손 코브 단면(5표)이 차지했고, 이전까지 가장 유력한 황금못 후보였던 중국 다양차 단면은 단 2표를 얻는 데 그쳐 오르도비스기의 황금못 최종 후보에서 탈락해 버렸다. 1996년 10월에는 그린 포인트 단면과 로손 코브 단면을 대상으로 투표를 진행해 그린 포인트 단면을 최종 후보로 선정했다. 이어서 1997년 11월 그린 포인트 단면에 대한 찬반투표를 시행했는데, 13명의 위원 중에서 10명이 찬성함으로써 77%의 지지를 얻어 오르도비스기의 황금못으로 최종 선정되었다.

1999년 1월, 캄브리아기-오르도비스기 경계연구회는 캐나다의 그린 포인트 단면을 오르도비스기의 황금못으로 선정한다는 제안서를 제출했다. 이 제안서를 1999년 9월 국제오르도비스기층서위원회, 11월 국제층서위원회, 그리고 2000년 1월 국제지질과학연맹이 받아들임으로써 오르도비스기의 황금못이 확정되었다(Cooper et al., 2001). 그러므로 1974년 캄브리아기-오르도비스기 경계연구회가 결성되고 20여 년이 흐른 후, 그리고 1879년 오르도비스기가 제안된 지 120년이 지나서 국제 표준의 오르도비스기 시작이 정해진 셈이다.

오르도비스기의 황금못이 위치한 그린 포인트 단면은 캐나다 뉴펀들랜드섬의 서쪽 해안에 드러난 절벽으로 캄브리아기와 오르도비스기의 지층이 잘 드러나 있다(구글 지도에서 'Green Point, Newfoundland'를 검색하면 서쪽에 있는 해안 절벽의 전경을 볼 수 있다). 캄브리아기-오르도비스기 경계, 즉 오르도비스기의 황금못은 코노돈트 화석 *Iapetognathus fluctivagus*가 처음 출현하는 층준으로 그린 포인트 단면의 바닥으로부터 위로 101.8미터 지점에 위치한다.

코노돈트

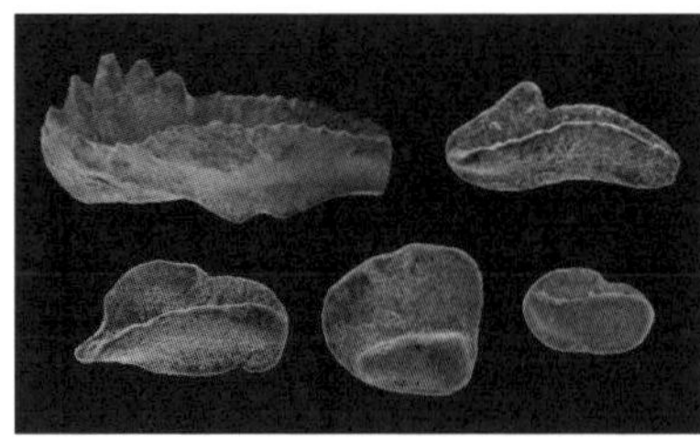

출처: Wikimedia Commons(https://commons.wikimedia.org/wiki/File:Cavusgnathus_elements.png)

코노돈트(conodont)의 뜻은 '원추형 이빨'이다. 코노돈트가 어떤 생물이었는지는 오랫동안 논쟁거리였는데, 지금은 턱이 없는 원시 어류의 이빨에 해당하는 기관으로 밝혀졌다. 코노돈트 화석의 크기는 보통 1밀리미터 내외로 작으며, 인회석(燐灰石)으로 이루어진다.

코노돈트를 가진 동물은 캄브리아기 미아오링세(약 5억 900만 년 전)에 처음 출현했고 오르도비스기 이후 크게 번성했기 때문에 고생대 지층의 층서 대비에 중요한 역할을 담당하고 있다. 코노돈트를 가진 동물은 페름기 말의 대량생물멸종사건에도 살아남았다가 트라이아스기 말엽(약 2억 년 전)에 지구상에서 완전히 사라졌다.

3. 오르도비스기의 시대 세분

20세기가 끝날 무렵만 해도 오르도비스기 내의 지질시대는 대부분 영국의 전통적 시대 구분을 따랐다. 당시 영국에서 오르도비스기는 6개의 세世 — 트레마독Tremadoc, 아레닉Arenig, 란번Llanvirn, 란데일로Llandeilo, 카라독Caradoc, 애슈길Ashgill — 로 세분되었다. 우리나라의 캄브리아기-오르도비스기의 시대 세분을 제안했던 논문(Kim et al., 2004)에서도 태백산분지의 오르도비스기 지층을 영국의 지질시대와 대비했었다.

영국 학자들은 영국의 전통적 오르도비스기 시대 구분이 전 세계적인 표준으로 받아들여지기 바랐지만, 연구가 진행되면서 영국의 오르도비스기 지층에서 국제적 대비를 가능케 하는 필석 화석의 산출이 빈약하고, 특히 오르도비스기 내의 여러 층준에 부정합이 존재한다는 문제가 드러났다. 따라서 국제적으로 대비가 가능한 새로운 체계의 오르도비스기 시대 구분이 필요했다.

1995년 국제오르도비스기층서위원회에서는 오르도비스기를 3개의 세로 구분하고, 각 세는 다시 2개의 절節로 나누기로 결정했다. 그런데 2003년에 이르렀을 때, 오르도비스기 후기 세는 3개의 절로 나누는 것이 논리적이라는 의견이 등장했다. 20세기가 끝날 무렵까지만 해도 오르도비스기 내의 시대 세분을 위한 활동은 지지부진했는데, 오르도비스기의 끝(즉, 실루리아기의 황금못)은 이미 1984년에 국제지질과학연맹의 공인을 받은 상태였다. 실루리아기의 황금못은 스코틀랜드 남부 지역에서 필석 화석 *Parakidograptus acuminatus*의 첫 출현으로 정해져 있었다(Cocks, 1985).

이에 따라 오르도비스기 연구자들 사이에는 오르도비스기의 시대 세분도 빨리 이루어져야 한다는 인식이 확산되었고, 그래서 오르도비스기 내에서 맨 처음 황금못이 확정된 지질시대가 1997년에 공인된 다리윌절이다. 이어서 2000년에 전기 세와 트레마독절, 2002년에는 플로절, 후기 세와 샌드비절, 2006년에 케이티절과 허난트절, 그리고 2007년에 중기 세와 다핑절 순으로 황금못이 정해짐에 따라 오르도비스기의 시대 세분이 완성되었다(표 8).

1) 전기 세

오르도비스기 전기 세Early Epoch의 황금못은 위에 소개한 오르도비스기의 황금못과 같다. 즉, 앞서 언급했듯이 전기 세의 황금못은 캐나다 뉴펀들랜드섬의 서부 해안 그린 포인트 단면의 바닥에서 위로 101.8미터 층준에 위치하며, 코노돈트 화석 *Iapetognathus fluctivagus*가 첫 출현하는 곳이다(Cooper et al., 2001). 이와 관련해 황금못 층준보다 4.8미터 위에서 부유성 필석 화석이 처음으로 출현한다는 사실도 중요하다. 코노돈트와 필석 화석 외에도 삼엽충 *Jujuyaspis*가 이 층준 부근에서 처음 출현하기 때문에 코노돈트와 필석 화석이 산출되지 않는 지역에서 오르도비스기의 황금못을 찾는데 도움이 된다. 우리나라에서도 영월층군 문곡층 최하부에서 삼엽충 *Jujuyaspis sinensis*가 산출되었기 때문에 캄브리아기-오르도비스기의 경계를 찾을 수 있었다(Kim et al., 2004).

전기 세는 트레마독절과 플로절로 나뉜다. 전기 세의 시작은 4억 8685만 년 전이며, 끝은 4억 7126만 년 전이다.

표 8. 오르도비스기의 지질시대 세분

기(Period)	세(Epoch)	절(Age)	기준이 된 표준화석/황금못의 위치 (황금못의 시작)
오르도비스기 (Ordovician)	후기 (Late)	허난트 (Hirnantian)	*Metabolograptus extraordinarius*의 FAD/중국 후베이성 이창 (4억 4521만 년 전)
		케이티 (Katian)	*Diplacanthograptus caudatus*의 FAD/ 미국 오클라호마주 Atoka (4억 5275만 년 전)
		샌드비 (Sandbian)	*Nemagraptus gracilis*의 FAD/ 스웨덴 Scania (4억 5818만 년 전)
	중기 (Middle)	다리윌 (Darriwilian)	*Undulograptus austrodentatus*의 FAD/중국 저장성 창산 (4억 6942만 년 전)
		다핑 (Dapingian)	*Baltoniodus triangularis*의 FAD/ 중국 후베이성 이창 (4억 7126만 년 전)
	전기 (Early)	플로 (Floian)	*Tetragraptus approximatus*의 FAD/ 스웨덴 Diabasbrottet (4억 7708만 년 전)
		트레마독 (Tremadocian)	*Iapetognathus fluctivagus*의 FAD/ 캐나다 뉴펀들랜드섬 (4억 8685만 년 전)

트레마독절: 트레마독절Tremadocian Age의 황금못은 위에 소개한 전기 세의 황금못(동시에 오르도비스기의 황금못)과 같다. 트레마독절의 황금못이 캐나다 뉴펀들랜드섬에서 정해졌지만, 그 이름은 영국의 트레마독Tremadoc에서 따왔고, 실제로 영국에서 오랫동안 사용되어 왔던 트레마독절과 국제 표준의 트레마독절은 개념적으로 거의 같

은 것으로 알려졌다. 트레마독절의 지속기간은 4억 8685만 년 전에서 4억 7708만 년 전까지다.

플로절: 플로절Floian Age의 황금못은 2002년 스웨덴 남부 디아바스브로테트Diabasbrottet 채석장에 드러난 단면에서 필석 화석 *Tetragraptus approximatus*가 첫 출현하는 층준으로 정해졌으며, 시대 이름은 채석장 부근의 작은 마을 플로Flo에서 따왔다(Bergström et al., 2004). 플로절은 4억 7708만 년 전에서 4억 7126만 년 전까지의 기간이다.

2) 중기 세

오르도비스기 중기 세Middle Epoch의 황금못은 중국 후베이성湖北省 이창宜昌, Yichang 부근에 분포하는 후앙후아창黃花场, Huanghuachang 단면의 다완층大湾層, Dawan Formation 바닥으로부터 위로 10.57미터 층준으로 코노돈트 화석 *Baltoniodus triangularis*가 첫 출현하는 곳이다(Wang et al., 2005). 중기 세는 다핑절과 다리윌절로 나뉜다. 중기 세의 시작은 4억 7126만 년 전이고, 끝은 4억 5818만 년 전이다.

다핑절: 다핑절Dapingian Age의 황금못은 위에 소개한 중기 세의 황금못과 같다. 다핑절의 이름은 황금못이 위치하는 부근의 마을 다핑大坪에서 따왔다. 다핑절의 지속기간은 4억 7126만 년 전에서 4억 6942만 년 전까지다.

다리윌절: 다리윌절Darriwilian Age의 황금못은 1997년 오르도비

스기의 황금못 중에서 가장 먼저 국제지질과학연맹의 공인을 받았으며, 중국 저장성浙江省 창산현常山縣, Changshan 부근 후앙니탕黃泥塘, Huangnitang 단면에서 필석 화석 *Undulograptus austrodentatus*가 첫 출현하는 층준으로 정해졌다(Mitchell et al., 1997). 다리윌Darriwil이라는 이름은 오스트레일리아에서 오랫동안 사용되어 왔던 지질시대명에서 따왔는데, 이는 중국에서 황금못으로 정해진 지질시대의 개념이 오스트레일리아에서 사용하고 있던 다리윌절과 같았기 때문이다. 다리윌절은 4억 6942만 년 전에서 4억 5818만 년 전까지의 기간이다.

3) 후기 세

오르도비스기 후기 세Late Epoch의 황금못은 스웨덴 남부의 스카니아Scania 지방에서 정해졌는데, 룬드Lund 부근의 포겔송Fågelsång 단면에서 필석 화석 *Nemagraptus gracilis*가 첫 출현하는 층준이다(Bergström et al., 2000). 후기 세는 샌드비절, 케이티절, 허난트절로 이루어진다. 후기 세의 시작은 4억 5818만 년 전이고, 끝은 4억 4307만 년 전이다.

샌드비절: 샌드비절Sandbian Age의 황금못은 위에 소개한 후기 세의 황금못과 같으며, 2002년 국제지질과학연맹으로부터 공인을 받았다. '샌드비'라는 이름은 황금못이 위치한 부근의 작은 마을 세드라 산드뷔Södra Sandby에서 따왔다. 샌드비절의 지속기간은 4억 5818만 년 전에서 4억 5275만 년 전까지다.

케이티절: 케이티절Katian Age의 황금못은 미국 오클라호마주 아토카Atoka시 부근 블랙 노브 리지Black Knob Ridge 단면의 빅포크 처트층Bigfork Chert Formation 바닥으로부터 위로 4미터 층준에 위치하며, 필석 화석 *Diplacanthograptus caudatus*의 첫 출현으로 정해졌다(Goldman et al., 2007). '케이티'라는 이름은 황금못 부근에 위치한 케이티Katy 호수에서 따왔다. 케이티절은 4억 5275만 년 전에서 4억 4521만 년 전까지의 기간이다.

허난트절: 허난트절Hirnantian Age은 영국에서 애슈길Ashgill 층군의 마지막 지질시대로 오랫동안 쓰여 왔다. '허난트'라는 이름은 웨일스 지방의 작은 마을 컴 허난트Cwm Hirnant에서 따왔다. 하지만 허난트절의 황금못은 중국 후베이성湖北省 이창宜昌 부근에 있는 왕지아완王家湾, Wangjiawan 북 단면의 콴인챠오층Kuanyinchiao Formation 바닥에서 아래로 39센티미터 층준에 위치하며, 필석 화석 *Metabolograptus extraordinarius*의 첫 출현으로 정해졌다(Chen et al., 2006). 허난트절의 지속기간은 4억 4521만 년 전에서 4억 4307만 년 전까지로 매우 짧지만, 이 기간에 빙하시대가 있었고 생물대량멸종사건이 일어났다는 점에서 매우 특이한 시기였다.

요약

오르도비스기는 고생대의 두 번째 지질시대로 약 4억 8685만 년 전에서 4억 4307만 년 전까지의 기간이다. 오르도비스기는 3개의 세와 7개의 절로 나뉜다. 3개의 세는 전기 세, 중기 세, 후기 세이며, 7개의 절은 트레마독절, 플로절, 다핑절, 다리윌절, 샌드비절, 케이티절, 허난트절이다. 오르도비스기의 황금못은 캐나다 동부 뉴펀들랜드섬의 서쪽 해안 절벽에 드러난 그린 포인트 단면의 바닥으로부터 위로 101.8미터 층준에 위치하며, 코노돈트 화석 *Iapetognathus fluctivagus*가 첫 출현하는 곳이다. 황금못에서 위로 4.8미터 층준에서 부유성 필석 화석이 첫 출현하는 점도 중요하다.

참고문헌

Bergström, S.M., Finney, S.C., Chen, X., Palssön, C., Wang, Z., and Grahn, Y., 2000, "A proposed global boundary stratotype for the base of the Upper Series of the Ordovician System: The Fågelsång section, Scania, southern Sweden," *Episodes*, 23, 102-109.

Bergström, S.M., Löfgren, A., and Maletz, J., 2004, "The GSSP of the second (upper) stage of the Lower Ordovician Series: Diabasbrottet at Hunneberg, Province of Västergötland, southwestern Sweden," *Episodes*, 27, 265-272.

Chen, X., Rong, J., Fan, J., Zhan, R., Mitchell, C.E., Harper, D.A.T., Melchin, M.J., Peng, P., Finney, S.C., and Wang, X., 2006, "The global boundary stratotype section and point (GSSP) for the base of the Hirnantian Stage (the uppermost of the Ordovician System)," *Episodes*, 29, 183-196.

Cocks, L.R.M., 1985, "The Ordovician-Silurian boundary," *Episodes*, 8, 98-100.

Cooper, R.A., Nowlan, G.S., and Williams, S.H., 2001, "Global Stratotype Section and Point for base of the Ordovician System," *Episodes*, 24, 19-28.

Goldman, D., Leslie, S.A., Nõlvak, J., Young, S., Bergström, S.M., and Huff, W.D., 2007, "The global stratotype section and Point (GSSP) for the base of the Katian Stage of the Upper Ordovician Series at Black Knob Ridge, southeastern Oklahoma, USA," *Episodes*, 30, 258-270.

Henningsmoen, G., 1973, "The Cambro-Ordovician boundary," *Lethaia*, 6, 423-439.

Kim, D.H., Lee, J.G., and Choi, D.K., 2004, "A proposal for regional stages for the Cambrian-Ordovician in Korea," *Newsletters on Stratigraphy*, 40, 11-37.

Lapworth, C., 1879, "On the tripartite division of Lower Palaeozoic rocks," *Geological Magazine*, 6, 1-15.

Mitchell, C.E., Chen, X., Bergström, S.M., Zhang, Y., Wang, Z., Webby, B.D., and Finney, S.C., 1997, "Definition of a global boundary stratotype for the

Darriwilian Stage of the Ordovician System," *Episodes*, 20, 158-166.

Sepkoski, J.J., Bambach, R.K., Raup, D.M., and Valentine, J.W., 1981, "Phanerozoic marine diversity and the fossil record," *Nature*, 293, 435-437.

Wang, X., Stouge, S., Erdtmann, B.-D., Chen, X., Li, Z., Wang, C., Zeng, Q., Zhou, Z., and Chen, H., 2005, "A proposed GSSP for the base of the Middle Ordovician Series: the Huanghuachang section, Yichang, China," *Episodes*, 25, 105-117.

제6장

실루리아기 Silurian

지구에 생명이 처음 출현한 후 고생대 초에 이르기까지 모든 생물은 바다에서 살았다. 바꾸어 말하면, 지구 탄생 이후 40억 년 동안 육지에 생물이 살지 않았다는 뜻이다. 생물이 육지에 언제 올라왔는지 정확히 알기는 어렵지만, 식물이 육상으로 먼저 올라온 후 동물이 뒤따랐을 것이다. 식물이 육지에서 살기 시작하면서 동물에게 서식지와 먹이를 제공했을 것이기 때문이다. 화석 기록에 의하면 식물이 육상으로 올라온 때는 오르도비스기 중엽(약 4억 7000만 년 전)이지만, 식물화석이 흔하게 발견되는 것은 실루리아기에 들어선 이후의 일이다.

현재 알려진 육상 관다발식물 화석 중에서 가장 오랜 종류는 쿡소니아*Cooksonia*로 약 4억 3000만 년 전 실루리아기 지층에서 산출되었다. 쿡소니아는 형태적으로 무척 간단한 식물이다. 키는 작아서 수 센티미터에 불과했고, 줄기가 갈라질 때 같은 길이의 두 줄기로 갈라지는 특징을 보여 주며, 줄기의 끝에 포자를 생산하는 타원형 포자낭胞子囊이 달려 있었다. 뿌리와 잎은 없었으며, 광합성활동은 줄기의 표면에서 이루어졌고, 물과 영양분 흡수는 땅속에 묻힌 줄기(지하경地下莖)가 담당했다. 간단히 말하면, 쿡소니아는 줄기로만 이루어진 식물이다.

육상식물은 이후 데본기와 석탄기를 거치면서 크게 번성했고, 육지 곳곳으로 퍼져나가 지구의 겉모습을 완전히 바꾸어 놓았다. 그러므로 실루리아기는 오랫동안 바다에 머물러 있던 지구 생태계가 그 영역을 육지로 확장하기 시작한 시기라고 말할 수 있다.

1. 실루리아기의 유래

앞서 언급한 것처럼, 실루리아기라는 이름을 제안한 사람은 영국의 머치슨이었다. 머치슨은 1835년 세지윅과 함께 발표한 논문에서 웨일스 지방의 남동부 지방에 분포한 퇴적암층에 실루리아계Silurian System라는 이름을 붙였다(Sedgwick and Murchison, 1835). 그 후, 시간이 흐르면서 세지윅은 캄브리아기를 층서적으로 상위 구간으로 그리고 머치슨은 실루리아기를 하위 구간으로 넓혀 나갔고, 마침내 캄브리아기와 실루리아기의 영역 싸움으로 이어졌다. 실제로 머치슨은 영국의 하부 고생대층을 원시 실루리아기, 전기 실루리아기, 후기 실루리아기로 나누기도 했다.

19세기 중·후반에 영국 지질학계에서 벌어졌던 캄브리아기-실루리아기 영역 싸움은 1879년 랩워스Charles Lapworth가 해결책을 제시하면서 문제를 풀 수 있는 실마리를 찾은 것처럼 보였다. 랩워스는 필석筆石 화석군의 산출 양상을 바탕으로 하부 고생대층의 시대 구분이 가능함을 보여 주었으며, 머치슨의 전기 실루리아기 구간에 오르도비스계Ordovician System라는 새로운 이름을 붙였다. 이때, 랩워스가 제시한 내용을 요약하면 다음과 같다(Lapworth, 1879).

① 캄브리아기는 하부 아레닉Lower Arenig층보다 아래에 놓인 구

간이다. ② 오르도비스기는 하부 아레닉층부터 하부 란도버리Lower Llandovery층 사이의 구간을 아우른다. ③ 실루리아기는 하부 란도버리층부터 데본계의 구적사암舊赤砂岩, Old Red Sandstone층 사이의 구간이다. 랩워스의 제안에 의하면, 실루리아기는 머치슨의 후기 실루리아기에 국한됨을 의미한다. 하지만 랩워스의 제안은 영국 지질학계에서 곧바로 받아들여지지 않았으며, 그 후에도 한동안 전기 실루리아기라는 용어가 오르도비스기보다 더 많이 사용되었다.

지금 우리가 쓰고 있는 오르도비스기와 실루리아기의 개념은 1960년 덴마크 코펜하겐에서 열렸던 국제지질학총회에서 확립되었는데, 이때 정해진 실루리아기는 랩워스가 원래 제안했던 것처럼 하부 란도버리층에서 구적사암층 사이의 구간이었다. 이 결정에 따라 정해진 실루리아기는 4억 4307만 년 전에서 4억 1900만 년 전 사이에 걸친 지질시대로 지속기간이 2400만 년에 불과해 고생대의 여섯 개 기紀 중에서 가장 짧다.

2. 실루리아기의 시작

랩워스는 1879년 오르도비스기를 제안했을 때 오르도비스기의 끝을 란도버리층의 바닥에 두었다. 이에 따라 영국에서는 실루리아기의 시작은 란도버리층의 시작과 같다는 생각이 자연스럽게 받아들여졌다. 오르도비스기와 실루리아기 지층을 대비할 때 주로 사용되는 화석은 필석이다. 그런데 란도버리층의 표식지역인 웨일스 지방의 란도버리Llandovery에는 필석 화석이 드물었기 때문에 다른 지역과 대비하기가 어려웠다. 게다가 어떤 사람들은 실루리아기를 필석

*Glyptograptus persculptus*대부터 시작하는 것으로 보았지만, 또 다른 사람들은 그보다 젊은 *Parakidograptus acuminatus*대부터 시작하는 것으로 생각하기도 했다. 따라서 실루리아기의 시작을 어느 층준에 두어야 하는가라는 문제는 해결해야 할 시급한 과제였다.

실루리아기의 시작에 관한 문제를 집중적으로 다루기 위한 오르도비스기-실루리아기 경계연구회가 1974년에 발족되었다. 연구회의 회원들은 세계 곳곳의 오르도비스기-실루리아기 경계 구간을 답사하고 논의한 끝에 1979년 두 곳을 실루리아기 황금못의 후보지역으로 선정했다. 하나는 스코틀랜드의 돕스린Dob's Linn이었고, 다른 하나는 캐나다의 안티코스티Anticosti섬이었다. 그런데 돕스린에는 필석 화석이 많은 반면, 안티코스티섬에는 코노돈트 화석이 흔했다. 이후 3-4년에 걸친 두 지역에 대한 자세한 연구를 바탕으로 오르도비스기-실루리아기 경계연구회에서는 1984년 실루리아기 황금못의 최종후보로 돕스린을 선정했고(구글 지도에서 'Dob's Linn'을 검색하면 부근의 전경을 볼 수 있다), 황금못 층준을 *Parakidograptus acuminatus*대의 바닥에 두기로 결정했다(Cocks, 1985).

실루리아기의 시작 층준을 *Parakidograptus acuminatus*대로 선정한 근거는 이 생층서대 바로 밑에 후기 오르도비스기의 독특한 완족동물 화석군집인 *Hirnantia* 동물군이 있었기 때문이었다. *Parakidograptus acuminatus*대 아래에 놓이는 *Glyptograptus persculptus*대가 *Hirnantia* 동물군과 시대가 같으므로 *Parakidograptus acuminatus*대를 실루리아기에 소속시킨 결정은 옳은 판단이었다.

그런데 실루리아기의 황금못을 확정하고 난 후에 황금못 부근의 생층서 자료에 오류가 있음이 드러났고, 이 문제를 해결하기 위해 2002년 특별연구회가 구성되었다. 특별연구회는 몇 년에 걸친 연구를 바탕으로 예전의 *Parakidograptus acuminatus*대가 하부의 *Akidograptus ascensus*대와 상부의 *Parakidograptus acuminatus*대로 나누어진다는 사실을 알아냈고, 이에 따라 2008년 실루리아기 황금못을 *Akidograptus ascensus*대가 시작하는 층준으로 수정했다(Rong et al., 2008). 이미 확정된 황금못 중에서 그 개념이 수정된 것은 실루리아기가 처음이었다.

3. 실루리아기의 시대 세분

1976년 국제실루리아기층서위원회International Subcommission on Silurian Stratigraphy는 실루리아기의 시대 세분에 관한 사항을 다루기 위한 8개년 계획을 세웠다. 이 계획의 일환으로 1979년에 열린 국제실루리아기층서위원회 심포지엄에서 합의된 사항을 요약하면 다음과 같다(Holland, 1980).

① 실루리아기는 4개의 세世로 나눈다. ② 두 번째 세는 웬록세Wenlock Epoch라고 부른다. ③ 웬록세의 시작은 영국 웨일스 지방 웬록Wenlock의 허글리 브룩Hughley Brook 단면에서 필석 *Cyrtograptus centrifugus*대의 바닥에 둔다. ④ 웬록세는 쉐인우드절Sheinwoodian Age과 호머절Homerian Age로 나눈다. 쉐인우드절의 시작은 웬록세의 시작과 같고, 호머절의 시작은 필석 *Cyrtograptus lundgreni*대의 바닥에 둔다. ⑤ 세 번째 세는 러들로세Ludlow Epoch라고 부른다. ⑥ 러들로세의 시작은 웨일스 지방 러들로Ludlow의 피치 코피스Pitch Coppice

채석장에서 필석 *Neodiversograptus nilssoni*대의 바닥에 둔다. ⑦ 러들로세는 고스티절Gorstian Age과 러드포드절Ludfordian Age로 나눈다. 고스티절의 시작은 러들로세의 시작과 같고, 러드포드절의 시작은 필석 *Saetograptus leintwardensis*대의 바닥에 둔다.

그로부터 5년이 지난 1984년에는 실루리아기 첫 번째 세인 란도버리세의 황금못을 스코틀랜드의 돕스린에 두기로 결정했고, 란도버리세는 다시 필석 화석에 의해 3개의 절—루단절, 에어론절, 텔리치절—로 나뉘었다(Holland, 1985). 이와 함께 실루리아기의 마지막 세를 정하기 위한 후보지역으로 세 군데가 거론되었는데, 체코 프라하 부근의 포자리Pozary 단면, 웨일스의 다운튼Downton 지역, 그리고 우크라이나의 포돌리아Podolia 지역이었다. 세 지역에 대한 답사를 바탕으로 체코의 포자리 단면을 실루리아기 마지막 세의 황금못으로 선정하고, 프리돌리세Pridoli Epoch라는 이름을 붙였다(Holland, 1985).

현재 실루리아기는 4개의 세와 7개의 절節로 이루어진다. 첫 번째 란도버리세는 3개의 절, 웬록세는 2개의 절, 러들로세는 2개의 절, 프리돌리세는 더 이상 세분하지 않았다(표 9). 웬록세의 쉐인우드절과 호머절 그리고 러들로세의 고스티절과 러드포드절은 1980년에 국제지질과학연맹으로부터 공인을 받았고(Holland, 1980), 란도버리세의 루단절, 에어론절, 텔리치절 그리고 프리돌리세는 1984년에 공인을 받았다(Holland, 1985).

고생대의 다른 지질시대와 비교했을 때, 실루리아기의 시대 세분이 무척 빨리 이루어져 1980년대 중반에 실루리아기의 모든 황금못이 정해졌다. 이와 달리 캄브리아기, 석탄기, 페름기의 경우 지금

표 9. 실루리아기의 지질시대 세분

기(Period)	세(Epoch)	절(Age)	기준이 된 표준화석/황금못의 위치 (황금못의 시작)
실루리아기 (Silurian)	프리돌리 (Pridoli)		필석 *Neocolonograptus parultimus*의 FAD/체코 프라하 (4억 2273만 년 전)
	러들로 (Ludlow)	러드포드 (Ludfordian)	필석 *Saetograptus leintwardensis*의 FAD/웨일스 Ludlow (4억 2501만 년 전)
		고스티 (Gorstian)	필석 *Neodiversograptus nilssoni*의 FAD/웨일스 Ludlow (4억 2674만 년 전)
	웬록 (Wenlock)	호머 (Homerian)	필석 *Cyrtograptus lundgreni*의 FAD/웨일스 Homer (4억 3052만 년 전)
		쉐인우드 (Sheinwoodian)	필석 *Cyrtograptus centrifugus*의 FAD/웨일스 Hughley Brook (4억 3293만 년 전)
	란도버리 (Llandovery)	텔리치 (Telychian)	완족동물, 약간 모호함/웨일스 Cefn-cerig Road (4억 3859만 년 전)
		에어론 (Aeronian)	필석 *Monograptus austerus sequens*의 FAD/웨일스 Cwm-coed-Aeron (4억 4049만 년 전)
		루단 (Rhuddanian)	필석 *Akidograptus ascensus*의 FAD/스코틀랜드 Dob's Linn (4억 4307만 년 전)

도 세와 절 수준에서 황금못이 정해지지 않은 시대가 여럿 있고, 황금못을 어디에 두어야 하는가라는 문제를 놓고 논쟁 중이다. 그런데 실루리아기의 시대 세분은 조금 성급하게 이루어진 측면이 있다. 왜냐하면, 황금못이 정해진 후 30여 년이 흐른 지금 실루리아기 황금못

대부분에서 그 개념을 수정해야 하는 문제점이 드러났기 때문이다.

1) 란도버리세

란도버리세Llandovery Epoch의 황금못은 실루리아기의 황금못과 같다. 그 황금못은 스코틀랜드의 남부 돕스린 단면의 버크힐 셰일층 Birkhill Shale Formation 바닥에서 위로 1.6미터 층준에 위치하며, 필석 화석 *Akidograptus ascensus*가 첫 출현하는 곳이다. 황금못은 스코틀랜드의 남부 지역에 있지만, '란도버리'라는 이름은 영국에서 오랫동안 사용해 왔던 지질시대명으로 웨일스 지방의 작은 마을 란도버리에서 따왔다.

1984년 란도버리세가 공인되었을 때, 황금못을 정하는 층준으로 필석 *Parakidograptus acuminatus*대의 바닥을 선정했다(Cocks, 1985). 하지만 이후 이루어진 자세한 연구에 의해 *Parakidograptus acuminatus*대가 하부의 *Akidograptus ascensus*대와 상부의 *Parakidograptus acuminatus*대로 나뉜다는 사실이 밝혀지면서 2008년 실루리아기의 황금못은 *Akidograptus ascensus*대의 바닥으로 수정되었다(Rong et al., 2008).

란도버리세는 하부로부터 루단절, 에어론절, 텔리치절로 세분되었다. 란도버리세의 시작은 4억 4307만 년 전이며, 끝은 4억 3293만 년 전이다.

루단절: 루단절Rhuddanian Age은 실루리아기의 첫 번째 절이므로 루단절의 황금못은 실루리아기의 황금못과 같으며 동시에 란도버리세의 황금못(위 참조)이기도 하다. '루단'이라는 이름은 란도버

리 부근의 세픈-루단Cefn-Rhuddan 농장에서 따왔다. 루단절은 4억 4307만 년 전에서 4억 4049만 년 전까지의 기간이다.

에어론절: 에어론절Aeronian Age의 황금못은 란도버리 지역의 컴-코에드-에어론Cwm-coed-Aeron 농장 내에 위치한 트레파우어층Trefawr Formation에서 정해졌으며, 층준은 필석 *Monograptus austerus sequens*가 산출되는 *Demirastrites triangulatus*대의 바닥이다. 하지만 에어론절의 황금못은 좀 더 정확한 대비를 위해서 현재 추가적인 연구가 진행 중이다. 에어론절은 4억 4049만 년 전에서 4억 3859만 년 전까지의 기간이다.

텔리치절: 텔리치절Telychian Age의 황금못은 란도버리 지역의 펜-란-텔리치Pen-lan-Telych 농장에 위치한다. 황금못은 완족동물 *Eocoelia intermedia*의 마지막 산출 층준과 *Eocoelia curtisi*가 첫 출현하는 층준 사이에서 정해졌다. 하지만 후속 연구에 의해 이 구간에서 퇴적이 중단된 기록이 있다는 연구결과가 보고되어 텔리치절의 황금못을 수정해야 하는 문제점이 드러났다. 그래서 텔리치절의 황금못을 새롭게 정해야 하는데, 필석 *Spirograptus guerichi*대의 바닥에 두려는 움직임이 있다. 텔리치절은 4억 3859만 년 전에서 4억 3293만 년 전까지의 기간이다.

2) 웬록세

웬록세Wenlock Epoch의 이름은 석회암으로 이루어진 웨일스 지방의 웬록 에지Wenlock Edge에서 따왔다. 웬록세는 쉐인우드절과 호머절로 나뉜다. 웬록세의 황금못은 쉐인우드절의 황금못(아래 참조)과 같다. 웬록세의 시작은 4억 3293만 년 전이고, 끝은 4억 2674만 년 전이다.

쉐인우드절: 쉐인우드절Sheinwoodian Age의 황금못은 웬록 부근의 허글리 브룩에서 빌드워스층Buildwas Formation의 바닥으로 정해졌다. 쉐인우드절의 황금못은 1980년 필석 *Cyrtograptus centrifugus* 대의 바닥으로 정해졌지만(Holland, 1980), 허글리 브룩의 표식지에서 필석 화석이 산출되지는 않았다. 따라서 표식지에서 황금못 층준의 위치가 명확하지 않다. 현재 국제실루리아기층서위원회에서는 쉐인우드절의 황금못(동시에 웬록세의 황금못)을 새로운 층준에서 정해야 하는가 아니면 새로운 지역에서 선정해야 하는가라는 문제를 두고 고민하고 있다. '쉐인우드'라는 이름은 웬록 부근의 쉐인우드 Sheinwood 농장에서 따왔다. 쉐인우드절은 4억 3293만 년 전에서 4억 3052만 년 전까지의 기간이다.

호머절: 호머절Homerian Age의 황금못은 영국 호머Homer 부근을 흐르는 셰인턴 브룩Sheinton Brook의 둑에 위치하며, 1980년 필석 *Cyrtograptus lundgreni*가 첫 출현하는 층준으로 정해졌다(Holland, 1980). 하지만 후속 연구에 의하면, 셰인턴 브룩의 표식지에서 필석 화석이 드물기 때문에 호머절의 황금못도 수정이 필요한 것으로 알려져 있다. 호머절은 4억 3052만 년 전에서 4억 2674만 년 전까지의 기간이다.

3) 러들로세

러들로세Ludlow Epoch의 이름은 웨일스 동부 지방의 작은 도시 러들로에서 따왔다. 러들로세는 고스티절과 러드포드절로 나뉜다. 러들로세의 황금못은 고스티절의 황금못(아래 참조)과 같다. 러들로세의 시작은 4억 2674만 년 전이고, 끝은 4억 2273만 년 전이다.

고스티절: 고스티절Gorstian Age의 황금못은 러들로 부근의 피치코피스 채석장의 하부 엘턴층Lower Elton Formation에서 정해졌다. 고스티절의 이름은 러들로 부근의 작은 마을 고스티Gorsty에서 따왔다. 고스티절의 황금못은 1980년 필석 *Neodiversograptus nilssoni*대의 바닥으로 정해졌으나 이 화석대를 다른 지역의 화석대와 대비하기가 쉽지 않은 것으로 알려졌다. 따라서 고스티절의 황금못에 대한 재평가가 이루어져야 한다. 고스티절은 4억 2674만 년 전에서 4억 2501만 년 전까지의 기간이다.

러드포드절: 러드포드절Ludfordian Age의 황금못은 러들로 부근의 작은 마을 러드포드에 가까운 서니힐Sunnyhill 채석장에 위치한다. 러드포드절의 황금못 층준은 상부 브린지우드층Upper Bringewood Formation과 하부 렌트워다인층Lower Leintwardine Formation의 경계와 일치하는 것으로 알려져 있으며, 1980년 하부 렌트워다인층 최하부에서 필석 *Saetograptus leintwardensis*의 출현으로 정해졌다. 러드포드절의 황금못도 재평가가 필요한 것으로 알려져 있으나 아직까지 문제 해결을 위한 움직임은 없다. 현재 알려진 러드포드절의 지속기간은 4억 2501만 년 전에서 4억 2273만 년 전까지다.

4) 프리돌리세

프리돌리세Pridoli Epoch의 이름은 체코 프라하 부근 프리돌리Pridoli에서 따왔다. 프리돌리세의 황금못은 1984년 확정되었으며, 달레예Daleje 계곡의 포자리층Pozary Formation 바닥으로부터 위로 2미터 층준에서 필석 *Neocolonograptus parultimus*의 첫 출현으로 정해졌다. 프리돌리세의 시작은 4억 2273만 년 전이고 끝은 4억 1900만 년 전이며, 더 이상 시대 세분은 이루어지지 않았다.

요약

실루리아기는 고생대의 세 번째 지질시대로 4억 4307만 년 전에서 4억 1900만 년 전까지의 기간이다. 실루리아기의 황금못은 스코틀랜드의 남부 돕스린(Dob's Linn) 단면의 버크힐 셰일층(Birkhill Shale Formation) 바닥에서 위로 1.6미터 층준에 위치하며, 필석 화석 *Akidograptus ascensus*가 첫 출현하는 곳이다. 실루리아기는 4개의 세와 7개의 절로 나뉘며, 1980년대 중반 모든 시대의 황금못이 확정되었다. 하지만 최근 이들 황금못 구간에서 화석 산출 양상에 문제점이 드러나면서 실루리아기 내 세와 절의 황금못을 재정립해야 한다는 움직임이 있다.

참고문헌

Cocks, L.R.M., 1985, "The Ordovician-Silurian boundary," *Episodes*, 8, 98-100.

Holland, C.H., 1980, "Silurian series and stages: decision concerning chronostratigraphy," *Lethaia*, 13, 238.

Holland, C.H., 1985, "Series and stages of the Silurian System," *Episodes*, 8, 101-103.

Lapworth, C., 1879, "On the tripartite division of Lower Palaeozoic rocks," *Geological Magazine*, 6, 1-15.

Rong, J., Melchin, M., Williams, S.H., Koren, T., and Verniers, J., 2008, "Report of the restudy of the defined global stratotype of the base of the Silurian System," *Episodes*, 31, 315-318.

Sedgwick, A. and Murchison, R.I., 1835, "On the Silurian and Cambrian Systems, exhibiting the order in which the older sedimentary strata succeed each other in England and Wales," Report of the British Association for the Advancement of Science, Dublin, Transactions and Secs, 59-61.

제7장

데본기 Devonian

데본기는 '어류魚類의 시대'로 불린다. 어류가 지구상에 처음 출현한 때는 캄브리아기지만, 데본기에 이르러 다양해졌기 때문이다. 초기의 어류는 턱이 없는데, 턱이 없는 현생 어류의 대표적 예로 먹장어와 칠성장어가 있다. 턱을 가진 어류가 등장한 때는 실루리아기 초로 판피어류板皮魚類가 대표적이다. 현재 지구에 살고 있는 모든 어류는 판피어류로부터 진화한 것으로 알려져 있다. 현생 어류는 크게 연골어류軟骨魚類(상어와 가오리 등)와 경골어류硬骨魚類(현생 어류의 대부분이 여기에 속하며, 2만 여 종이 있다)로 나뉜다.

데본기에 일어났던 중요한 생물학적 사건의 하나는 척추동물의 육상 진출이다. 육상 척추동물(또는 사지동물)은 어류로부터 진화했고, 특히 경골어류의 한 부류인 총기어류總鰭魚類(대표적 예는 '살아 있는 화석'으로 유명한 실러캔스coelacanth와 폐어肺魚가 있다)로부터 진화했을 것으로 추정하고 있다. 물속에서 살았던 총기어류로부터 육상에 사는 최초의 사지동물四肢動物, 즉 양서류로의 진화는 데본기 중·후기에 걸쳐서 일어났다. 양서류 화석 중에서 가장 오랜 종류로 아칸토스테가*Acanthostega*와 이크티오스테가*Ichthyostega*가 있다. 이 화석들은 데본기 끝 무렵인 약 3억 6500만 년 전의 지층에서 보고되었지만, 사지동물 발자국 화석이 3억 9500만 년 전 지층에서 발견되었으므로 사지동물이 육상으로 올라온 시점은 데본기 중엽이라고 말할 수 있다.

식물이 육상으로 올라온 때는 오르도비스기지만, 식물이 수풀을 이루기 시작한 것은 데본기 중엽 이후의 일이다. 데본기에 들어서면서 뿌리와 잎을 가지게 된 식물들은 해안으로부터 멀리 떨어진 내륙 곳곳으로 빠르게 서식지를 넓혀 나갔다. 하지만 데본기 초의 육상식물들은 대부분 키가 작았다. 그래서 데본기 초만 해도 울창한 수풀은 없었다. 후기 데본기에 이르러서 식물은 넓은 잎을 가지게 되었고, 키도 수 미터에서 수십 미터에 이르는 커다란 나무로 성장했다. 그 결과 육상식물들이 수풀을 형성하면서 지구는 오늘날과 비슷한 모습의 생태계를 갖추게 되었다.

1. 데본기의 유래

1830년대 세지윅과 머치슨이 웨일스 지방을 조사하고 있을 때, 드 라 베쉬Henry De la Beche(1796-1855)라는 지질학자가 영국 서남부의 데본 지방을 조사하고 있었다.

드 라 베쉬는 런던에서 태어났지만, 어린 시절을 대부분 데본 지방에서 보냈고, 영국 육군사관학교에서 수학했다. 하지만 그가 졸업할 무렵 영국이 개입했던 전쟁이 모두 끝났기 때문에 무언가 새로운 일거리를 찾아야 했는데, 선택한 분야가 지질학이었다. 드 라 베쉬는 영국 여러 지방을 조사하면서 지질조사와 표본 보존의 중요성을 인식하게 되었고, 그래서 영국지질조사소British Geological Survey의 설립을 주도해 1835년에 초대 소장으로 임명되었다. 그 후에는 정부를 설득해 표본을 보관하기 위한 지질박물관Geological Museum(현재 영국자

연사박물관에 속함) 설립에도 앞장섰다. 그는 이러한 공적을 인정받아 1848년에 기사 작위를 받았고, 런던지질학회장으로도 선임되었다.

당시 데본 지방의 암석은 웨일스 지방과 마찬가지로 중간암군中間岩群에 속하는 것으로 알려져 있었다. 1834년 드 라 베쉬는 데본 지방의 석탄층이 중간암군에 속한다는 논문을 발표했는데, 이는 데본 지방의 석탄층이 웨일스 지방의 캄브리아기나 실루리아기와 같은 시대임을 의미하는 연구결과였다. 이 연구결과는 영국 지질학계에 큰 파문을 일으켰는데, 왜냐하면 웨일스 지방의 중간암군에서는 석탄층은커녕 식물의 흔적도 보이지 않았기 때문이었다. 당시 영국에서 석탄층은 모두 캄브리아기나 실루리아기보다 젊은 지층인 '석탄기'에 속하는 것으로 받아들여졌다. 이 소식을 들은 머치슨은 드 라 베쉬의 조사에 오류가 있음을 지적하면서 데본 지방의 석탄층은 실루리아기보다 젊어야 한다고 주장했다.

1836년 머치슨은 세지윅과 함께 데본 지방을 조사해 드 라 베쉬의 연구결과에 오류가 있음을 확인하고, 석탄층이 층서적으로 맨 위에 있음을 보여 주었다. 이는 석탄층과 그 아래 지층 사이에 반드시 부정합이 있어야 함을 의미한다. 이러한 결론은 지질학자로서 드 라 베쉬의 능력을 의심케 하는 연구결과였다. 하지만 드 라 베쉬는 석탄층과 그 아래 지층 사이에 부정합이 없음을 계속 주장했고, 그 지역을 조사했던 세지윅이나 머치슨도 부정합의 증거를 찾지는 못했다. 이 과정에서 머치슨과 드 라 베쉬 사이에 벌어졌던 격렬했던 학술적 논쟁을 '데본기 대논쟁Great Devonian Controversy'이라고 부른다 (Rudwick, 1985).

두 지층 사이에 부정합이 없을 경우에 생각할 수 있는 결론은 데본 지방 석탄층의 나이가 다른 지역의 석탄기 지층보다 많거나 아니면 석탄층 아래에 놓여 있는 지층의 나이가 실루리아기보다 젊다는 것이다. 그런데 석탄층의 나이가 많다기에는 산출되는 화석의 나이가 젊었고, 아래에 놓여 있는 지층이 실루리아기보다 젊다기에는 영국의 다른 지역에서 석탄층 바로 아래에 놓여 있는 지층(대표적으로 구적사암舊赤砂岩, Old Red Sandstone)과 암석의 종류가 너무 달랐다(구적사암은 붉은 색을 띠는 역암, 사암, 셰일로 이루어진 지층으로 주로 하천과 호수 환경에서 쌓인 것으로 알려져 있다. 영국에는 구적사암 외에도 신적사암新赤砂岩, New Red Sandstone이 있는데, 겉보기에 암상은 구적사암과 비슷하지만 퇴적 시기가 페름기-트라이아스기로 알려져 있다).

그 무렵, 윌리엄 론스데일William Lonsdale(1794-1871)이라는 학자가 데본 지방의 화석을 연구하고 있었는데, 그는 데본 지방의 석회암에서 산출되는 산호화석이 실루리아기와 석탄기의 중간 단계에 해당한다는 사실을 알아냈다. 론스데일도 원래 직업군인이었지만, 퇴역 후에 한동안 영국 남서부 배스이스턴Batheaston에 살면서 배스Bath 일대의 석회암층에 들어 있는 산호화석을 열심히 연구해 그 분야의 최고 권위자가 되었다.

1839년 세지윅과 머치슨은 데본 지방의 지층들이 정합적 관계로 놓여 있으며, 최상부의 석탄층은 석탄기에 속하고, 그 아래 지층은 영국 다른 지역의 구적사암에 대비된다는 연구결과를 발표하면서 석탄기 지층 아래에 놓여 있는 구간에 '데본계Devonian System'라는 새로운 지질시대를 제안했다(Sedgwick and Murchison, 1839). 그들이 이러한 제안을 하게 된 배경에 론스데일의 산호화석 연구 자료가 중요하게 작용했다.

이 과정에서 사람들은 지질학적으로 중요한 개념을 알게 되었다. 예전에는 같은 시기에는 같은 종류의 암석만 퇴적된다고 생각했는데, 같은 시기에 퇴적된 암석이라도 어디서 쌓였느냐에 따라 암석의 종류가 다를 수 있다는 사실을 깨달은 것이다. 즉, 데본 지방의 산호화석이 들어 있는 해성 퇴적층과 영국의 다른 지역에서 육성 퇴적층으로 알려진 구적사암이 같은 시기에 쌓였다는 사실을 알게 된 것이다. 이처럼 같은 시기에도 지역(또는 환경)에 따라 전혀 다른 종류의 암석이 쌓일 수 있다는 상변화相變化의 개념을 이해하게 되면서 지질학은 학문적으로 성장할 수 있었다.

2. 데본기의 시작

영국의 데본 지방에서 데본기가 제안되기는 했지만, 당시에는 데본기 화석에 관한 연구가 충분히 이루어지지 않았기 때문에 데본기의 개념을 명확하게 정립할 수 없었다. 19세기와 20세기 전반에 걸쳐 세계 곳곳에서 연구가 진행되는 과정에서 같은 층에서 '실루리아기' 화석과 '데본기' 화석이 함께 산출된다는 논문들이 발표되면서 실루리아기와 데본기를 구분하기가 무척 어려워졌다. 그래서 이 문제를 집중적으로 다루기 위한 기구로 실루리아기-데본기 경계연구회가 1960년 코펜하겐에서 열린 국제지질학총회에서 결성되었다.

실루리아기-데본기 경계연구회는 세계 여러 지역을 방문해 논의한 끝에 1967년 실루리아기-데본기 경계를 필석 화석 *Monograptus uniformis*대의 바닥에 두기로 의견을 모았고, 이어서 데본기의 황금못을 선정하기 위한 활동을 시작했다. 실루리아기-데본기 경계연구회는 세계 여러 지역을 답사한 다음, 체코의 바란디안Barrandian, 미국 네바다주의 로버츠산맥Roberts Mountains, 모로코의 라바트-티플렛Rabat-Tiflet을 황금못 후보지역으로 압축했다.

이들 지역에 대한 자세한 조사와 논의 끝에 1972년 체코의 바란디안 지역에서 데본기의 황금못을 찾아냈다(Chlupac and Vacek, 2003 참조). 실루리아기-데본기 경계연구회에서 선정한 데본기의 황금못은 체코 바란디안 지역 클롱크Klonk 단면의 20번 층 내에서 필석 *Uncinatograptus uniformis uniformis*와 *Uncinatograptus uniformis angustidens*의 첫 출현으로 정해졌다(최근 이 필석 화석의 속명이 *Monograptus*에서 *Uncinatograptus*로 바뀜). 이로써 데본기는 지질시대 모든 기紀 중에서 가장 먼저 황금못이 확정되었다.

3. 데본기의 시대 세분

데본기의 황금못은 1972년에 확정되었지만, 국제데본기층서위원회International Subcommission on Devonian Stratigraphy가 결성된 것은 1973년의 일이었다. 이후, 국제데본기층서위원회는 데본기의 시대 세분을 위한 노력을 기울여 1980년대 초에 다음과 같은 기본방향을 정했다(Ziegler and Klapper, 1985).

데본기는 3개의 세世와 7개의 절節로 나눈다. 3개의 세는 전기 세, 중기 세, 후기 세로 명명한다. 전기 세는 로치코프절, 프라하절, 엠즈절, 중기 세는 아이펠절과 지베절, 그리고 후기 세는 프란절과 파멘절로 이루어진다(표 10).

1972년 데본기의 황금못이 정해진 이후, 20여 년에 걸친 조사와 논의를 바탕으로 데본기 모든 시대의 황금못이 정해졌다. 각 시대의 황금못을 공인받은 순서에 따라 나열하면 1972년 로치코프절, 1985년 아이펠절, 1986년 프란절, 1989년 프라하절, 1993년 파멘절, 1994년 지베절, 1995년 엠즈절이다. 그런데 데본기 내의 모든 황금못이 확정된 이후 20여 년이 흘러 후속 연구가 이루어지면서 몇 가지 문제점이 드러났다. 예를 들면, 1995년 우즈베키스탄에서 정해진 엠즈절의 황금못이 원래 엠즈절의 표식지였던 독일 엠즈절의 시작

표 10. 데본기의 지질시대 세분

기(Period)	세(Epoch)	절(Age)	기준이 된 표준화석/황금못의 위치 (황금못의 시작)
데본기 (Devonian)	후기 (Late)	파멘 (Famennian)	코노돈트 *Palmatolepis triangularis*의 FAD/프랑스 Montagne Noire (3억 7110만 년 전)
		프란 (Frasnian)	코노돈트 *Ancyrodella rotundiloba pristina*의 FAD/프랑스 Montagne Noire (3억 7890만 년 전)
	중기 (Middle)	지베 (Givetian)	코노돈트 *Polygnathus hemiansatus*의 FAD/모로코 Tafilalt (3억 8530만 년 전)
		아이펠 (Eifelian)	코노돈트 *Polygnathus partitus*의 FAD/독일 Eifel (3억 9430만 년 전)
	전기 (Early)	엠즈 (Emsian)	코노돈트 *Eocostapolygnathus kitabicus*의 FAD/우즈베키스탄 Zinzi'ban (4억 1051만 년 전)
		프라하 (Pragian)	코노돈트 *Eognathodus sulcatus*의 FAD/체코 Velka-Chuchle (4억 1240만 년 전)
		로치코프 (Lochkovian)	필석 *Uncinatograptus uniformis*의 FAD/체코 Klonk (4억 1900만 년 전)

보다 층서적으로 훨씬 아래인 프라하절의 중간 부분에서 정해졌다는 사실이 밝혀지면서 엠즈절의 황금못에 대한 수정이 필요해졌다.

1) 전기 세

데본기 전기 세Early Epoch의 황금못은 데본기의 황금못과 같다. 그 황금못은 체코의 프라하에서 남서쪽으로 약 40킬로미터 떨어진 마을 수호마스티Suchomasty의 클롱크 단면에 위치한다(구글 지도에서 'Klonk Suchomasty'를 검색하면 데본기 황금못 부근의 경관을 볼 수 있다). 클롱크 단면은 약 34미터 높이의 절벽으로 석회암층과 셰일층이 반복되어 나타나는 구간이다. 황금못은 클롱크 단면의 20번 층 내에서 필석 *Uncinatograptus uniformis uniformis*와 *Uncinatograptus uniformis angustidens*가 첫 출현하는 층준으로 정해졌다.

전기 세는 로치코프절, 프라하절, 엠즈절로 이루어진다. 전기 세의 시작은 4억 1900만 년 전이며, 끝은 3억 9430만 년 전이다.

로치코프절: 로치코프절Lochkovian Age은 데본기의 첫 번째 지질시대로 그 황금못은 데본기의 황금못이며, 동시에 전기 세의 황금못(위 참조)이다. '로치코프'라는 이름은 클롱크 단면에 드러난 암석의 지층명인 로치코프층Lochkov Formation에서 따왔다. 로치코프절은 4억 1900만 년 전에서 4억 1240만 년 전까지의 기간이다.

프라하절: 프라하절Pragian Age의 황금못은 1989년 정해졌는데, 체코 프라하 남서쪽에 위치한 벨카-후흘레Velka-Chuchle 채석장에서 코노돈트 화석 *Eognathodus sulcatus*가 첫 출현하는 층준이다

(Chlupac and Oliver, 1989). 하지만 최근 코노돈트 *Eognathodus*의 분류에 문제점이 드러나면서 프라하절 황금못의 개념을 다시 정립해야 한다는 의견이 제기되었다(Becker et al., 2012). 현재 알려진 프라하절은 4억 1240만 년 전에서 4억 1051만 년 전까지의 기간이다.

엠즈절: 엠즈절Emsian Age의 황금못은 1995년 공인되었으며, 우즈베키스탄의 진질반Zinzil'ban 협곡에서 코노돈트 화석 *Eocosta-polygnathus kitabicus*가 첫 출현하는 층준으로 정해졌다(Yolkin et al., 1997). 하지만, 앞서 언급했던 것처럼 우즈베키스탄에서 확정된 황금못의 층준이 전통적 표식지였던 독일의 엠즈절보다 훨씬 아래 층준에서 정해졌다. 이에 따라 2008년 국제데본기층서위원회는 엠즈절의 개념을 수정하기로 결정했고, 현재 코노돈트 *Eocostapolygnathus excavatus*가 첫 출현하는 층준 부근에 정할 것을 고려하고 있다(Carls et al., 2008). 엠즈절의 시작은 현재 4억 1051만 년 전으로 알려져 있는데, 만약 새로운 제안을 받아들여 황금못이 수정될 경우, 엠즈절의 시작은 약 4억 730만 년 전, 끝은 3억 9430만 년 전이 될 것이다.

2) 중기 세

데본기 중기 세Middle Epoch는 아이펠절과 지베절로 나뉜다. 중기 세의 황금못은 아이펠절의 황금못(아래 참조)과 같다. 중기 세의 시작은 3억 9430만 년 전이고, 끝은 3억 7890만 년 전이다.

아이펠절: 아이펠절Eifelian Age의 황금못은 1985년 독일 서부 아이펠Eifel 지역의 쇠네켄Schönecken 마을에서 코노돈트 *Polygnathus* *partitus*의 첫 출현으로 정해졌다(Ziegler and Klapper, 1985). '아이펠'이라는 용어는 독일에서 오랫동안 쓰였던 지질시대 이름이다. 아이펠절은 3억 9430만 년 전에서 3억 8530만 년 전까지의 기간이다.

지베절: 지베절Givetian Age의 황금못은 1994년에 확정되었으며, 모로코 남동부의 사하라 사막지역인 타필랄트Tafilalt 부근에서 코노돈트 *Polygnathus hemiansatus* 생층서대의 바닥으로 정해졌다(Walliser et al., 1995). '지베'라는 이름은 프랑스와 벨기에 접경지역인 아르덴Ardenne 지방의 지베Givet에 분포하는 지베 석회암층Givet Limestone에서 따왔다. 지베 석회암층은 19세기 후반부터 유럽에서 사용되었던 지층명이었다. 지베절은 3억 8530만 년 전에서 3억 7890만 년 전까지의 기간이다.

3) 후기 세

데본기 후기 세Late Epoch는 프란절과 파멘절로 나뉜다. 후기 세의 황금못은 프란절의 황금못(아래 참조)과 같다. 후기 세의 시작은 3억 7890만 년 전이고, 끝은 3억 5930만 년 전이다.

프란절: 프란절Frasnian Age의 황금못은 1986년 확정되었으며, 프랑스 남부 몽타뉴 누아르Montagne Noire 지방의 작은 산Col de Puech de la Suque에 위치한다. 황금못은 코노돈트 *Ancyrodella rotundiloba pristina* 생층서대의 바닥으로 정해졌다(Klapper et al., 1987). '프란'이라는 이름은 벨기에의 프란-레-쿠뱅Frasnes-lez-Couvin에 분포하는 프란Frasnes 층군에서 따왔으며, 황금못은 프란 층군의 바닥과 거

의 일치하는 것으로 알려졌다. 프란절은 3억 7890만 년 전에서 3억 7110만 년 전까지의 기간이다.

파멘절: 파멘절Famennian Age의 황금못은 1993년에 확정되었다. 황금못은 프랑스 남부 몽타뉴 누아르Montagne Noire 지방의 작은 도시 쎄스농Cessnon 북쪽에 있는 채석장에 위치하며, 황금못은 코노돈트 *Palmatolepis triangularis* 생층서대의 바닥으로 정해졌다(Klapper et al., 1993). '파멘절'은 벨기에에서 오랫동안 사용되었던 용어로 벨기에의 파멘Famenne 지방에서 따왔다. 파멘절의 황금못 바로 아래 층준에서 켈바서 무산소 사건Kellwasser anoxic event이 기록되었으며, 이와 관련해 프란-파멘절의 경계에서 데본기 생물대량멸종사건이 일어났다는 점이 특기할 사항이다. 파멘절은 3억 7110만 년 전에서 3억 5930만 년 전까지의 기간이다.

요약

데본기는 고생대의 네 번째 지질시대로 약 4억 1900만 년 전에서 3억 5930만 년 전까지의 기간이다. 데본기의 황금못은 체코 프라하에서 남서쪽으로 약 40킬로미터 떨어진 곳에 있는 클롱크(Klonk) 단면의 20번 층 내에 있으며, 필석 화석 *Uncinatograptus uniformis*가 첫 출현하는 층준이다. 데본기는 3개의 세와 7개의 절로 나뉜다. 전기 세는 로치코프절, 프라하절, 엠즈절, 중기 세는 아이펠절과 지베절, 그리고 후기 세는 프란절과 파멘절로 나뉜다. 데본기 내 각 지질시대의 황금못은 1980년대와 1990년대에 모두 정해졌지만, 후속 연구에 의해 일부 황금못에 문제가 있음이 드러났고, 현재 이들을 수정하기 위한 움직임이 있다.

참고문헌

Becker, R.T., Gradstein, F.M., and Hammer, O., 2012, "The Devonian Period," In: Gradstein, F.M., Ogg, J.G., Schmitz, M.D., Ogg, G.M. (eds.), *The Geologic Time Scale 2012*, Volume 2, 559-601.

Carls, P., Slavik, L., and Valenzuela-Rios, J.I., 2008, "Comments on the GSSP for the basal Emsian stage boundary: the need for its redefinition," *Bulletin of Geosciences*, 83, 383-390.

Chlupac, I. and Oliver Jr., W.A., 1989, "Decision on the Lochkovian-Pragian boundary stratotype (Lower Devonian)," *Episodes*, 12, 109-113.

Chlupac, I. and Vacek, F., 2003, "Thirty years of the first international stratotype: The Silurian-Devonian boundary at Klonk and its present status," *Episodes*, 26: 10-15.

Klapper, G., Feist, R., and House, M.R., 1987, "Decision on the boundary stratotype for the Middle/Upper Devonian series boundary," *Episodes*, 10, 97-101.

Klapper, G., Feist, R., Becker, R.T., and House, M.R., 1993, "Definition of the Frasnian/Famennian stage boundary," *Episodes*, 16, 433-441.

Rudwick, M.J.S., 1985, *The Great Devonian Controversy: The Shaping of Scientific Knowledge among Gentlemanly Specialists*, University of Chicago Press.

Sedgwick, A. and Murchison, R.I., 1939, "Stratification of the older stratified deposits of Devonshire and Cornwell," *Philosophical Magazine and Journal of Science*, 14, 241-260.

Walliser, O.H., Bultynck, P., Weddige, K., Becker, R.T., and House, M.R., 1995, "Definition of the Eifelian-Givetian stage boundary," *Episodes*, 18, 107-115.

Yolkin, E.A., Kim, A.I., Weddige, K., Talent, J.A., and House, M.R., 1997, "Definition of the Pragian/Emsian boundary," *Episodes*, 20, 235-240.

Ziegler, W. and Klapper, G., 1985, "Stages of the Devonian System," *Episodes*, 8, 104-109.

제8장

석탄기Carboniferous

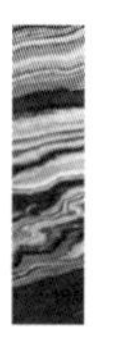

'석탄기'라는 이름에서 알 수 있는 것처럼 석탄기 퇴적층에는 석탄이 많이 들어 있다. 현재 지구에 매장되어 있는 석탄의 대부분은 석탄-페름기에 생성된 것으로 알려져 있다. 석탄石炭을 학술적으로 정의하면, 주로 식물의 유해로 이루어진 퇴적암으로 식물이 차지하는 비중이 무게 50퍼센트 이상, 부피 70퍼센트 이상인 암석이다. 석탄을 이루고 있는 물질이 대부분 육상식물이기 때문에 석탄을 다른 말로 표현하면 '옛날의 울창한 수풀'이다. 먼 옛날 울창한 수풀을 이루고 있던 나무들이 겹겹이 쌓여 두꺼운 퇴적층을 이루고 있다가 이들이 지하 깊은 곳에서 높은 온도와 압력의 영향으로 단단히 굳어 '석탄'이 되었다.

석탄기 초엽에는 로라시아Laurasia 대륙과 곤드와나Gondwana 대륙이 합쳐져 초대륙 판게아Pangea가 만들어졌고, 두 대륙이 충돌한 곳에 거대한 산맥이 솟아올랐다(이때 형성된 산맥이 현재 미국 동부 애팔래치아산맥이다). 높은 산맥의 양쪽으로 광활한 충적평야가 펼쳐졌고, 이 평야를 흐르는 강 주변에 큰 나무들이 자라면서 곳곳에 울창한 수풀이 형성되었다. 그런데 석탄기 식물들의 특징 중 하나는 뿌리가 짧다는 점이다. 나무의 키는 큰데 뿌리가 짧으니까 어느 정도 자란 나무들은 쉽게 쓰러졌다. 나무를 이루는 주성분은 리그닌lignin과 셀룰로스cellulose다. 오늘날은 나무가 죽으면 세균의 활동에 의해 리그닌과 셀룰로스가 분해되기 때문에 죽은 식물체가 퇴적물 속에 남아 있기 어렵다. 그런데 석탄기는 리그닌이나 셀룰로스를 분해할 수 있는 세균이 출현하기 이전이었다. 따라서 나무가 쓰러져도 분해되지 않았고, 그 결과 엄청난 양의 식물체가 퇴적물 속에 묻혀 석탄으로 남겨지게 되었다.

석탄기에 일어났던 또 다른 중요한 사건은 빙하시대다. 고생대에는 두 번의 빙하시대가 있었다. 한 번은 오르도비스기 말엽이었고, 다른 한 번은 후기 고생대 석탄-페름기였다. 후기 고생대 빙하시대의 기록은 당시 남반구 고위도 지방에 있었던 곤드와나 대륙에 남겨졌다. 후기 고생대 빙하시대는 3억 2600만 년 전에서 2억 6700만 년 전까지 지속되었다. 하지만 그 기간 내내 계속 추웠던 것은 아니다. 후기 고생대 빙하시대는 3억 2600만 년 전에서 3억 1200만 년 전까지 추웠다가 3억 1200만 년 전에서 3억 년 전 사이의 기간에는 비교적 따뜻했다. 그러다가 3억 년 전에서 2억 9000만 년 전 사이에 다시 혹독한 빙하시대를 겪었고, 그 후에 빙하활동이 약화된 것으로 알려져 있다.

후기 고생대 빙하시대는 울창한 수풀이 형성됨에 따른 식물의 대량 매몰과 높은 산맥이 형성됨에 따라 활발해진 풍화작용의 결과로 대기 중에 이산화탄소가 줄어들면서 시작되었다. 그리고 페름기 후반에 지구의 기후가 전반적으로 건조해지면서 수풀이 사라지고 풍화작용이 약화된 결과 이산화탄소가 늘어나 후기 고생대 빙하시대는 끝났다.

1. 석탄기의 유래

석탄기의 원어인 'Carboniferous'는 '석탄을 포함한'이란 뜻이다. 이 용어가 문헌에 등장한 것은 19세기 초이지만, '석탄기'라는 용어가 층서적으로 처음 사용된 때는 1822년이었다. 코니베어와 필립스는 1822년 영국에서 석탄을 포함하는 지층을 세 부분으로 나누어 하부부터 Mountain or Carboniferous Limestone, Millstone Grit, Coal Measures로 구분했다(Conybeare and Phillips, 1822). 1835년 영국의 지질학자 필립스John Phillips(1800-1874)는 이 지층들을 묶어 석탄계Carboniferous System로 명명했다. 하부의 Mountain or Carboniferous Limestone은 주로 석회암으로 이루어지며 약간의 이암과 사암을 포함한다. 그 위에 놓이는 Millstone Grit는 조립질粗粒質 사암으로 이루어지며, 이따금 석회암층과 이암층이 끼기도 한다('Millstone Grit'이라는 용어를 직역하면 '맷돌 사암'으로, 이 사암이 물레방아의 맷돌로 자주 사용된 데서 그 이름이 붙여졌다). 상부의 Coal Measures는 두꺼운 탄층을 포함하는 쇄설성碎屑性 퇴적암(사암, 이암, 역암 등)으로 이루어진다.

한편, 19세기 미국에서는 석탄기 지층을 크게 두 부분으로 나누어 주로 석회암으로 이루어진 하부와 석탄층이 많이 들어 있는 상부로 구분했다. 해성층으로 이루어진 하부에 미시시피기Mississippian Period라는 이름이 붙여진 것은 1870년이고, 석탄층과 육성층으로 이루어진 상부에 펜실베이니아기Pennsylvanian Period라는 이름이 붙여진 것은 1887년의 일이었다. 그런데 미시시피기와 펜실베이니아기라는 지질시대명은 미국에서 주로 사용되었고, 다른 나라에서는 거의 쓰이지 않았다. 그러다가 1980년대 후반 들어 국제석탄기층서위원회International Subcommission on Carboniferous Stratigraphy에서 석탄기를 2개의 아기亞紀, subperiod —미시시피 아기와 펜실베이니아 아기—로 나누기로 결정함에 따라 공식적인 지질시대명이 되었다. 지질시대의 기紀 중에서 아기亞紀로 나뉜 것은 석탄기가 유일하다.

2. 석탄기의 시작

석탄기라는 용어가 1822년 영국에서 처음 사용된 후, 영국과 유럽에서는 석탄기를 전기 세Early Epoch와 후기 세Late Epoch로 나누었다. 전기 세에는 Mountain or Carboniferous Limestone 그리고 후기 세에는 Millstone Grit와 Coal Measures를 포함시켰다. 특히 벨기에에서는 전기 세를 다시 두 부분으로 나누어 투르네Tournai절과 비제Visé절로 구분했는데, 이 시대 구분이 유럽에서 널리 통용되었다.

석탄기의 황금못에 관한 본격적인 논의는 1976년 데본기-석탄기 경계연구회가 결성되면서 시작되었다. 이 연구회의 회원들은 세계 곳곳의 데본기-석탄기 경계가 있는 지역을 방문해 층서와 화석 산출을 확인했는데, 석탄기 황금못의 기준으로 코노돈트 *Siphonodella praesulcata-Siphonodella sulcata* 진화계통이 중요하다는 사실을 알게 되었다. 연구회 회원들은 1979년에 석탄기의 황금못을 코노돈트 *Siphonodella sulcata*가 첫 출현하는 층준으로 정하기로 의견을 모았다. 1983년 연구회에서는 이 진화계통을 잘 보여 주는 단면으로 독일의 하셀바흐탈Hasselbachtal, 중국 구이저우성貴州省의 무화墓化, Muhua, 카자흐스탄의 키야Kija와 베르쵸구르Berchogur 등 네 곳을 황금못 후보로 선정했다. 하지만 자세한 조사와 연구가 진행되면서 네 곳 모두 석탄기의 황금못으로 적합하지 않은 것으로 밝혀졌다.

몇 년이 흐른 후 석탄기 황금못 후보로 네 군데가 새롭게 등장했는데, 중국 구이린桂林시의 난비안춘南便村, Nanbiancun, 프랑스의 라 쎄흐La Serre, 독일의 드레버Drewer, 오스트리아의 그뤼네 슈나이드Grüne Schneid였다. 이들 지역에 대한 조사와 논의를 바탕으로 데본기-석탄기 경계연구회는 프랑스의 라 쎄흐 단면을 석탄기의 황금못으로 선정했고, 황금못 제안서를 1988년 국제층서위원회에 제출했다. 이 제안은 1989년 국제층서위원회 그리고 1990년 국제지질과학연맹의 승인을 받았다(Paproth et al., 1991).

요약하면, 석탄기의 황금못은 프랑스 몽타뉴 누아르Montagne Noire 지방에 있는 라 쎄흐 단면의 89번 층에서 코노돈트 화석 *Siphonodella sulcata*가 첫 출현하는 층준으로 정해졌다(구글 지도에서 'La Serre, Cabrieres'를 검색하면 황금못의 위치를 볼 수 있다). 그런데 라 쎄흐 단면이 석탄기의 황금못으로 확정된 지 거의 20년이 지난 후에 라 쎄흐 단면에 대한 후속 연구가 이루어졌는데(Kaiser, 2009), 데본기-석탄기 경계 구간에서 재퇴적된 화석들이 있다는 사실과 함께 *Siphonodella sulcata*가 종전에 알려졌던 것보다 아래 층준에서도 산출되기 때문에 석탄기 황금못에 결함缺陷이 있음이 드러났다. 이에 따라 현재 이 문제를 해결하기 위한 특별위원회가 구성되어 활동 중이다.

3. 석탄기의 시대 세분

석탄기는 크게 미시시피 아기Mississippian Subperiod와 펜실베이니아 아기Pennsylvanian Subperiod로 나뉜다. 미시시피 아기는 다시 3개의 세世와 3개의 절節로 나뉘며, 펜실베이니아 아기는 3개의 세와 4개의 절로 나뉜다(표 11).

현재 석탄기 내에서 황금못이 확정된 시대는 투르네절, 비제절, 바쉬키르절이며, 나머지 4곳의 황금못은 아직 정해지지 않았다. 이처럼 석탄기를 세분하는 세와 절의 황금못이 정해지지 않고 있는 이유는 석탄기 지층들이 층서적으로 복잡해 국제적 대비가 어렵기 때문이다. 석탄기에는 로라시아 대륙과 곤드와나 대륙이 충돌하면서 판게아 초대륙이 만들어지고 있었으며, 판게아 초대륙은 남북으로 길게 늘어서 있었다. 따라서 판게아 초대륙의 양쪽 바다에 살았던 해양생물계는 뚜렷이 달랐고, 또 후기 고생대 빙하시대가 시작되면서 일어났던 급격한 기후 변화와 해수면 변동에 의해 지역에 따라 살았던 생물계의 내용이 크게 달랐던 점이 석탄기 지층의 층서 대비에 어려움을 주고 있다.

1) 전기 미시시피세

전기 미시시피세Early Mississippian Epoch의 황금못은 석탄기의 황금못이며, 동시에 미시시피 아기와 투르네절의 황금못이다. 이 황금못은 프랑스 몽타뉴 누아르 지방 라 쎄흐 단면의 89번 층에서 코노돈트 화석 *Siphonodella sulcata*가 첫 출현하는 층준으로 정해졌다(Paproth et al., 1991). 하지만 위에 언급한 것처럼, 라 쎄흐 단면에서 화석의 산출 양상에 문제점이 드러났고(Kaiser, 2009), 이에 따라 황금못을 수정하기 위한 연구가 진행 중이다.

표 11. 석탄기의 지질시대 세분

기(Period)		세(Epoch)	절(Age)	기준이 된 표준화석/ 황금못의 위치 (황금못의 시작)
석탄기 (Carboniferous)	펜실베이니아 아기	후기 펜실베이니아 (Late Pennsylvanian)	그젤 (Gzhelian)	코노돈트 *Idiognathodus simulator*의 FAD/미확정 (3억 368만 년 전)
석탄기 (Carboniferous)	펜실베이니아 아기	후기 펜실베이니아 (Late Pennsylvanian)	카시모프 (Kasimovian)	*Idiognathodus heckeli*의 FAD/ 미확정 (3억 702만 년 전)
석탄기 (Carboniferous)	펜실베이니아 아기	중기 펜실베이니아 (Middle Pennsylvanian)	모스크바 (Moscovian)	코노돈트 *Diplognathodus ellesmerensis*의 FAD/미확정 (3억 1515만 년 전)
석탄기 (Carboniferous)	펜실베이니아 아기	전기 펜실베이니아 (Early Pennsylvanian)	바쉬키르 (Bashkirian)	코노돈트 *Declinognathodus noduliferus*의 FAD/ 미국 네바다주 Arrow Canyon (3억 2340만 년 전)
석탄기 (Carboniferous)	미시시피 아기	후기 미시시피 (Late Mississippian)	세르푸호프 (Serpukhovian)	코노돈트 *Lochriea ziegleri*의 FAD/미확정 (3억 3034만 년 전)
석탄기 (Carboniferous)	미시시피 아기	중기 미시시피 (Middle Mississippian)	비제 (Visean)	방추충 *Eoparastaffella simplex*의 FAD/ 중국 광시성 Liuzhou (3억 4673만 년 전)
석탄기 (Carboniferous)	미시시피 아기	전기 미시시피 (Early Mississippian)	투르네 (Tournaisian)	코노돈트 *Siphonodella sulcata*의 FAD/ 프랑스 Montagne Noire (3억 5930만 년 전)

투르네절: 전기 미시시피세는 투르네절Tournaisian Age 하나로 이루어지며, 3억 5930만 년 전에서 3억 4673만 년 전 사이의 기간이다.

황금못은 프랑스의 라 쎄흐에서 정해졌지만, '투르네'라는 시대명을 사용한 것은 유럽에서 석탄기의 첫 번째 절로 오랫동안 사용되어 온 전통을 따랐기 때문이다. 이 시대명은 벨기에 남부의 작은 도시 투르네Tournai에서 따왔다.

2) 중기 미시시피세

중기 미시시피세Middle Mississippian Epoch는 비제절Visean Age 하나로 이루어지며, 3억 4673만 년 전에서 3억 3034만 년 전 사이의 기간이다.

비제절: 비제절의 황금못은 2008년 공인되었는데, 중국 광시성廣西省 류저우柳州, Liuzhou시 부근 펑충朋冲, Pengchong 단면의 85번 층에서 방추충 *Eoparastaffella simplex*의 첫 출현으로 정해졌다(Devuyst et al., 2003). 또한 투르네절-비제절의 경계를 찾는 데 도움이 되는 화석으로 코노돈트가 있는데, 특히 *Gnathodus homopunctatus*가 황금못 위로 약 1미터 층준에서 첫 출현하는 것으로 알려졌다. '비제절'이라는 이름은 투르네절과 함께 벨기에에서 오랫동안 사용되었으며, 벨기에의 작은 도시 비제Visé에서 따왔다.

3) 후기 미시시피세

후기 미시시피세Late Mississippian Epoch는 세르푸호프절Serpukhovian Age 하나로 이루어지며, 3억 3034만 년 전에서 3억 2340만 년 전 사이의 기간으로 알려져 있다.

세르푸호프절: 세르푸호프절이라는 시대명은 19세기 말엽부터 러시아에서 사용되었으며, 모스크바 남쪽에 위치한 도시 세르푸호프Serpukhov에서 유래했다. 현재 비제절-세르푸호프절 경계연구회에서 코노돈트 *Lochriea ziegleri*의 첫 출현을 세르푸호프절의 시작으로 정하려는 움직임이 있기는 하지만, 지역에 따라 산출 양상이 다르기 때문에 세르푸호프절의 황금못을 아직 정하지 못하고 있다. 세르푸호프절에는 후기 고생대 빙하시대가 시작하면서 기후변화가 급격히 일어났고, 지역에 따라 서식했던 생물의 양상도 크게 달랐던 것으로 알려져 있다.

4) 전기 펜실베이니아세

전기 펜실베이니아세Early Pennsylvanian Epoch는 바쉬키르절Bashkirian Age 하나로 이루어지며, 3억 2340만 년 전에서 3억 1515만 년 전 사이의 기간이다.

바쉬키르절: 바쉬키르절이라는 이름은 1930년대부터 러시아에서 사용되었으며, 우랄산맥 남부에 위치한 바쉬키르 공화국Bashkiria (현재는 Bashkortostan으로 불림)에서 따왔다. 당시에 바쉬키르절의 시작은 방추충 *Pseudostaffella antique*의 첫 출현으로 정해졌다. 하지만 1996년에 정해진 바쉬키르절의 황금못은 미국 네바다주 라스베이거스 부근의 애로우 캐니언Arrow Canyon에 드러난 버드 스프링층Bird Spring Formation 하부에서 코노돈트 *Declinognathodus noduliferus*의 첫 출현으로 정해졌다(Lane et al., 1999). 방추충 *Plectostaffella*의 산출도 바쉬키르절의 시작을 알려 주는 좋은 자료다.

5) 중기 펜실베이니아세

중기 펜실베이니아세Middle Pennsylvanian Epoch는 모스크바절Moscovian Age 하나로 이루어지며, 3억 1515만 년 전에서 3억 702만 년 전 사이의 시간이다.

모스크바절: 모스크바절의 황금못은 아직 정해지지 않았는데, 모스크바절이라는 용어는 19세기 말엽 러시아의 모스크바 분지에 드러난 퇴적층에 사용되었다. 현재 몇 종의 코노돈트와 방추충이 모스크바절 황금못의 기준으로 주목을 받고 있지만, 방추충은 지역성이 뚜렷한 특성을 보여 주기 때문에 코노돈트 중에서 황금못의 기준이 선정될 것으로 보인다. 예를 들면 *Declinognathodus donetzianus*와 *Diplognathodus ellesmerensis*이다. 현재 황금못 후보지역에서 이 화석들의 산출 양상에 관한 자세한 연구가 진행 중이다.

6) 후기 펜실베이니아세

후기 펜실베이니아세Late Pennsylvanian Epoch는 카시모프절과 그젤절로 이루어진다. 후기 펜실베이니아세는 3억 702만 년 전에서 2억 9889만 년 전 사이의 기간이다.

카시모프절: 카시모프절Kasimovian Age은 모스크바 분지에서 처음 사용되었으며, 황금못은 아직 정해지지 않았다. 이름은 러시아 서부의 작은 도시 카시모프Kasimov에서 따왔다. 현재 카시모프절 황금못의 기준으로 코노돈트 *Idiognathodus heckeli*가 첫 출현하는 층준을 고려하고 있으며, 이에 대한 연구가 진행 중이다. 카시모프절

의 지속기간은 3억 702만 년 전에서 3억 368만 년 전까지로 알려져 있다.

그젤절: 그젤절Gzhelian Age은 19세기 말엽 모스크바 분지에서 처음 사용되었는데, 이름은 모스크바에서 동쪽으로 약 50킬로미터 떨어져 있는 작은 마을 그젤Gzhel에서 따왔다. 그젤절의 황금못은 아직 정해지지 않았으며, 황금못의 기준으로 코노돈트 *Idiognathodus simulator*가 첫 출현하는 층준을 고려하고 있다. 현재 황금못 후보지로 러시아 남부 우랄산맥 부근의 우솔카Usolka 단면과 중국 구이저우성의 다칭纳情, Daqing 단면이 경쟁하고 있다. 그젤절의 지속기간은 3억 368만 년 전에서 2억 9889만 년 전까지다.

요약

석탄기는 고생대의 다섯 번째 지질시대로 3억 5930만 년 전에서 2억 9889만 년 전까지의 기간이다. 석탄기의 황금못은 프랑스 남부 몽타뉴 누아르 지방에 있는 라 쎄흐 단면의 89번 층에서 코노돈트 화석 *Siphonodella sulcata*가 첫 출현하는 층준으로 정해졌다. 하지만 황금못 구간에서 코노돈트 화석의 산출 양상에 문제점이 드러나면서 석탄기 황금못을 수정해야 하는 상황이 되었다. 석탄기는 2개의 아기로 나뉘는데, 미시시피 아기는 3개의 세와 3개의 절 그리고 펜실베이니아 아기는 3개의 세와 4개의 절로 구분되었다. 현재 황금못이 확정된 시대는 투르네절, 비제절, 바쉬키르절뿐이며, 나머지 4개 절의 황금못은 정해지지 않았다.

참고문헌

Conybeare, W.D. and Phillips, W., 1822, *Outlines of the geology of England and Wales, with an introduction compendium of the general principles of that science, and comparative views of the structure of foreign countries*, Part 1, William Phillips.

Devuyst, F.-X., Hance, L., Hou, H., Wu, X., Tian, S., Coen, M., and Sevastopulo, G., 2003, "A proposed Global Stratotype Section and Point for the base of the Visean Stage (Carboniferous): the Pengchong section, Guangxi, South China," *Episodes*, 26, 105-115.

Kaiser, S.I., 2009, "The Devonian-Carboniferous boundary stratotype section (La Serre, France) revisited," *Newsletters on Stratigraphy*, 43, 195-205.

Lane, H.R., Brenckle, P.L., Baesemann, J.F., and Richards, B., 1999, "The IUGS boundary in the middle of the Carboniferous: Arrow Canyon, Nevada, USA," *Episodes*, 22, 272-283.

Paproth, E., Feist, R., and Flajs, G., 1991, "Decision on the Devonian- Carboniferous boundary stratotype," *Episodes*, 14, 331-336.

제9장

페름기Permian

페름기에는 로라시아 대륙과 곤드와나 대륙이 합쳐져 초대륙 판게아를 이루고 있었다. 이때 초대륙 판게아는 무척 넓었기 때문에 바다로부터 멀리 떨어져 있던 내륙 지역은 대부분 건조한 기후대에 속했다. 이에 따라 판게아 대륙 곳곳에 사막 환경이 넓게 조성되어 증발암이 많이 쌓였으며, 특히 암염岩鹽이 많이 생성되었다.

생물의 역사를 살펴보면, 모든 생물은 지구상에 출현해 한동안 살다가 사라진다. 현생누대 기간에 많은 생물들이 갑자기 사라진 시기가 여러 차례 있었는데, 그중에서 특히 많은 생물이 멸종했던 다섯 번의 시기를 5대 생물대량멸종 시기라고 부른다. 그 시기는 오르도비스기 말, 데본기 후기, 페름기 말, 트라이아스기 말, 백악기 말이다. 5대 생물대량멸종사건 중에서도 가장 규모가 컸던 멸종사건은 페름기 말에 일어났다.

페름기 말에 생물대량멸종이 일어났을 때, 당시 살았던 생물 종의 96퍼센트가 사라졌다. 대표적인 예로 삼엽충, 고생대 산호 그리고 방추충을 들 수 있다. 멸종 위기를 가까스로 넘긴 종류로는 완족동물, 바다나리, 암모나이트 등이 있다. 그 결과, 페름기 말을 경계로 해양생물의 내용이 크게 바뀌었다. 페름기 이전의 고생대에는 삼엽충, 완족동물, 바다나리, 산호 등이 바다를 지배했지만, 중생대 들어

어류, 조개와 소라, 가재와 새우, 성게 등이 번성하면서 해양생물계의 모습이 달라졌다.

생물의 멸종은 바다에만 국한되지 않았다. 육지에 살았던 많은 곤충과 사지동물이 사라졌다. 사지동물에 속하는 양서류, 파충류 그리고 포유류형 파충류 중에서 70퍼센트가 멸종했다. 육상식물도 심한 타격을 받아 겉씨식물이나 종자고사리(대표적인 예로 글로소프테리스*Glossopteris*) 등이 멸종하면서 석탄기와 페름기 초에 울창했던 수풀이 사라졌다. 중생대 초엽, 수풀이 우거졌던 자리를 키 작은 석송石松들이 차지하면서 육상생태계의 모습도 크게 바뀌었다.

1. 페름기의 유래

영국의 머치슨은 1840년과 1841년 두 번에 걸쳐서 러시아 우랄산맥 서쪽 지방을 답사했다. 이때 머치슨이 러시아를 방문했던 주목적은 앞서 그가 영국에서 제안했던 실루리아기 지층이 러시아 지역에도 분포하는지 알아보기 위함이었다. 1840년 여름에는 러시아 북서부 지역(백해에서 모스크바에 이르는 지역)에 드러난 실루리아기와 데본기 암석을 주로 조사했고, 1841년에는 러시아 황제의 초청으로 모스크바에서 동쪽으로 페름Perm 지방을 거쳐서 우랄산맥에 이르는 지역을 조사했다. 머치슨은 두 번에 걸친 지질조사에서 러시아에도 실루리아기와 데본기 그리고 석탄기 지층이 분포한다는 사실을 확인했다. 이 조사 결과는 1841년 발표되었는데, 머치슨은 이 논문에서 페름계Permian System라는 새로운 지질시대를 제안했다(Murchison, 1841).

머치슨이 페름계를 제안했을 때, 페름기 지층은 석탄기 지층 위에 놓이는 석회암, 사암, 역암으로 이루어진 지층이었다. 이때 페름기의 시작은 돌로마이트와 경석고硬石膏 같은 증발광물이 두껍게 쌓이기 시작한 층준으로 정해졌다. 그 후, 이 지역을 자세히 연구했던 러시아의 지질학자 카르핀스키A.P. Karpinsky는 암염층 하위에 놓이는 쇄설암층(머치슨이 영국의 Millstone Grit에 대비해 석탄기에 속하는 것으로 생각했던 지층)에서 산출되는 화석이 석탄기와 페름기의 중간 양상을 보여 준다는 관찰을 바탕으로 이 구간에 '아르틴스크절Artinskian Age'이라는 이름을 붙였다(Karpinsky, 1874). 이어서 카르핀스키는 암모나이트 화석에 관한 자세한 연구를 수행해 아르틴스크절이 페름기에 속함을 밝혔다(Karpinsky, 1889).

한편, 19세기 후반 북아메리카에서도 유럽의 페름기에 대비되는 지층이 분포함을 알게 되었는데, 북아메리카 대륙에서는 유럽의 페름기에 대비되는 지층이 크게 두 부분으로 나뉜다는 연구결과를 바탕으로 '이첩기二疊紀, Dyassic'라는 용어를 사용했다. 그러나 머치슨은 한 지역의 특성을 바탕으로 지질시대 이름을 명명하는 것은 바람직하지 않다면서 이첩기보다 페름기라는 용어를 써야 한다고 주장했다. 이후 페름기라는 용어 사용에 대한 다양한 논의가 이루어졌는데, 페름기가 고생대의 마지막 지질시대로 받아들여진 것은 페름기가 제안된 후 거의 100년이 지난 1940년대에 이르렀을 때였다(Dunbar, 1940 참조). 그런데 중국에서는 지금도 페름기 대신 이첩기라는 용어를 공식적으로 쓰고 있다.

2. 페름기의 시작

20세기 들어 우랄산맥 부근의 페름기 암모나이트 화석에 관한 자세한 연구에 의해 아르틴스크절이 두 부분으로 나뉜다는 사실이 알려졌다. 이 연구결과에 의해 아르틴스크절 아래에 '사크마라절Sakmarian Age'이라는 새로운 시대명이 추가되었다(Ruzhentsev, 1936). 이어진 연구(Ruzhentsev, 1954)에서 사크마라절은 다시 두 부분으로 나뉘었고, 하부 구간에 '아셀절Asselian Age'이라는 이름이 붙여졌다. 이때 아셀절의 시작을 알려 주는 고생물학적 특징으로 새로운 암모나이트 화석군과 소위 '*Schwagerina*'로 불리는 방추충의 출현을 들 수 있다.

아셀절이 페름기의 첫 번째 지질시대라는 생각은 러시아 학자들 사이에 널리 퍼져 있었으며(Davydov et al., 1992), 이 생각이 받아들여져 페름기의 황금못은 카자흐스탄 서북부 중심도시인 악토베Aktobe 부근 아이다랄래시 크릭Aidaralash Creek 단면의 19번 층 바닥으로부터 위로 27미터 층준에서 코노돈트 *Streptognathodus isolatus*의 첫 출현으로 정해졌다(Davydov et al., 1998). 페름기의 황금못은 1996년에 국제지질과학연맹의 승인을 받았다.

3. 페름기의 시대 세분

페름기의 지질시대를 세분하기 위한 활동은 1972년 국제페름기층서위원회가 결성되면서 시작되었다. 처음에는 페름기를 2-4개의 세世로 나누는 안案들이 제시되었다. 19세기에 페름기에 대한 시

표 12. 페름기의 지질시대 세분

기(Period)	세(Epoch)	절(Age)	기준이 된 표준화석/황금못의 위치 (황금못의 시작)
페름기 (Permian)	러핑 (Lopingian)	창싱 (Changhsingian)	코노돈트 *Clarkina wangi*의 FAD/중국 저장성 Meishan Section (2억 5424만 년 전)
		우지아핑 (Wuchiapingian)	코노돈트 *Clarkina postbitteri postbitteri*의 FAD/중국 광시성 Penglaitan (2억 5955만 년 전)
	과달루페 (Guadalupian)	캐피탄 (Capitanian)	코노돈트 *Jinogondolella postserrata*의 FAD/미국 텍사스주 Nipple Hill (2억 6434만 년 전)
		워드 (Wordian)	코노돈트 *Jinogondolella aserrata*의 FAD/미국 텍사스주 Getaway Ledge (2억 6921만 년 전)
		로드 (Roadian)	코노돈트 *Jinogondolella nankingensis*의 FAD/미국 텍사스주 Stratotype Canyon (2억 7437만 년 전)
	시스우랄 (Cisuralian)	쿤구르 (Kungurian)	코노돈트 *Neostreptognathodus pnevi-N. exculptus*의 FAD/미확정 (2억 8330만 년 전)
		아르틴스크 (Artinskian)	코노돈트 *Sweetognathus asymmetrica*의 FAD/미확정 (2억 9051만 년 전)
		사크마라 (Sakmarian)	코노돈트 *Mesogondolella monstra*의 FAD/러시아 우랄산맥 Usolka (2억 9352만 년 전)
		아셀 (Asselian)	코노돈트 *Streptognathodus isolatus*의 FAD/카자흐스탄 Aktobe (2억 9889만 년 전)

대 세분이 시도되었을 때, 한때 '이첩기'라는 이름이 사용되었던 점에서 알 수 있는 것처럼 페름기는 2개의 세로 나누자는 견해가 지배

적이었다. 그러나 페름기의 시대 세분에 대한 연구가 진행되면서 페름기를 전기, 중기, 후기로 나누었을 때 생물계의 변천 양상이 더욱 잘 반영된다는 사실을 알게 되었다(Lucas and Shen, 2018 참조).

현재 페름기는 3개의 세와 9개의 절로 나뉜다. 시스우랄세는 아셀절, 사크마라절, 아르틴스크절, 쿤구르절, 과달루페세는 로드절, 워드절, 캐피탄절, 그리고 러핑세는 우지아핑절과 창싱절로 나뉜다(표 12). 현재 황금못이 확정된 지질시대를 공인된 순서에 따라 나열하면 1996년에 시스우랄세와 아셀절, 2001년에 과달루페세, 로드절, 워드절, 캐피탄절, 2004년에 러핑세와 우지아핑절, 2005년에 창싱절, 2018년에 사크마라절이다. 아르틴스크절과 쿤구르절의 황금못은 아직 정해지지 않았다.

1) 시스우랄세

시스우랄세Cisuralian Epoch라는 용어가 1982년 처음 제안되었을 때는 아셀절, 사크마라절, 아르틴스크절을 아우르는 시대명이었지만, 1997년 아르틴스크절 위에 쿤구르절이 추가되었다(Jin et al., 1997). 시스우랄세의 황금못은 페름기의 황금못과 같고, 동시에 아셀절의 황금못(아래 참조)이기도 하다. 시스우랄세는 2억 9889만 년 전에서 2억 7437만 만 년 전까지의 기간이다.

아셀절: 아셀절Asselian Age이 처음 제안되었을 때(Ruzhentsev, 1954), 아셀절은 암모나이트 화석군의 특징에 의해 정해졌다. '아셀'이라는 이름은 우랄산맥 서쪽 오렌부르크Orenburg 부근을 흐르는 아셀Assel강에서 따왔다. 하지만 현재 정해진 아셀절의 황금못은

카자흐스탄 악토베의 아이다랄래시 크릭 단면에서 코노돈트 화석 *Streptognathodus isolatus*가 첫 출현하는 층준으로 정해졌다(Davydov et al., 1998). 아셀절은 2억 9889만 년 전에서 2억 9352만 년 전 사이의 기간이다.

사크마라절: 사크마라절Sakmarian Age은 원래 우랄산맥 서쪽의 사크마라Sakmara강을 따라 드러난 단면에서 방추충과 암모나이트 화석군의 특징에 의해 명명되었다(Ruzhentsev, 1936). 사크마라절의 황금못은 2018년 확정되었는데, 러시아의 우랄산맥 남부에 있는 작은 마을 크라스노우솔스키Krasnousolsky 부근을 흐르는 우솔카Usolka강 단면의 지층 26/3번에서 코노돈트 *Mesogondolella monstra*의 출현으로 정해졌다(Chernykh et al., 2020). 사크마라절은 2억 9352만 년 전에서 2억 9051만 년 전 사이의 기간이다.

아르틴스크절: 19세기 후반 아르틴스크절Artinskian Age이 처음 등장했을 때, 이 이름은 머치슨이 제안했던 페름기 지층 바로 밑에 있는 두꺼운 사암층에 붙여졌으며(Karpinsky, 1874), 당시 아르틴스크절은 석탄기에 포함되었다. 하지만 후속 연구에 의해 아르틴스크절 지층에서 산출되는 암모나이트 화석군이 페름기에 속하는 것으로 밝혀졌다(Ruzhentsev, 1936). '아르틴스크'라는 이름은 러시아 우랄산맥 서쪽의 작은 마을 아르티Arti(예전 이름이 Artinsk)에서 유래했다. 아르틴스크절의 황금못은 아직 정해지지 않았는데, 콘노돈트 화석 *Sweetognathus asymmetrica*가 첫 출현하는 층준에서 정해질 가능성이 높다. 현재 추정하고 있는 아르틴스크절의 지속기간은 2억

9051만 년 전에서 2억 8330만 년 전 사이이다.

쿤구르절: 19세기 말엽, 쿤구르절Kungurian Age이라는 이름이 러시아에서 처음 사용되었을 때, 그 층준에서 화석 산출이 드물었기 때문에 쿤구르절의 개념이 명확하지 않았다. 지금도 쿤구르절의 황금못을 정하는 기준에 대해서는 의견이 모아지지 않았는데, 1990년대에 이르러 코노돈트 화석 *Neostreptognathodus pnevi*가 첫 출현하는 층준에서 쿤구르절의 황금못을 정하려는 움직임이 있었다. '쿤구르절'이라는 이름은 페름 지방의 작은 도시 쿤구르Kungur에서 따왔다. 쿤구르절은 2억 8330만 년 전에서 2억 7437만 년 전 사이의 기간으로 알려져 있다.

2) 과달루페세

20세기 초엽, '과달루페'라는 지질시대명이 미국 텍사스 서부 지역 과달루페산맥Guadalupe Mountains에 드러난 석회암층에 처음 사용되었다(Girty, 1902). 그 후 '과달루페'는 이따금 세 또는 절 수준으로 사용되었다. 과달루페세Guadalupian Epoch가 중기 페름기에 해당하며, 3개의 절—로드절, 워드절, 캐피탄절—로 이루어진다는 사실은 1990년대에 들어와서 확립되었다(Glenister et al., 1999). 과달루페세의 황금못은 로드절의 황금못(아래 참조)과 같다. 과달루페세, 로드절, 워드절, 캐피탄절의 황금못은 2001년에 국제지질과학연맹의 공인을 받았다. 과달루페세의 시작은 2억 7437만 년 전이고, 끝은 2억 5955만 년 전이다.

로드절: 로드절Roadian Age의 황금못은 과달루페산맥 국립공원 스트라토타입 캐니언Stratotype Canyon 단면에 드러난 컷오프층Cutoff Formation의 바닥으로부터 위로 42.7미터 층준에서 코노돈트 *Jinogondolella nankingensis*의 첫 출현으로 정해졌다(Glenister et al., 1999). '로드'라는 이름은 텍사스 서부에 위치한 글라스Glass산맥의 로드 캐니언Road Canyon에서 따왔다. 로드절은 2억 7437만 년 전에서 2억 6921만 년 전 사이의 기간이다.

워드절: 워드절Wordian Age의 황금못은 과달루페산맥 국립공원 과달루페 고개에 위치한 게이트웨이 레지Gateway Ledge 단면의 바닥으로부터 위로 7.6미터 층준에서 코노돈트 *Jinogondolella aserrata*의 첫 출현으로 정해졌다. '워드'라는 이름은 글라스산맥에 드러난 쇄설암-석회암 혼합층混合層인 워드층Word Formation에서 따왔다. 워드절은 2억 6921만 년 전에서 2억 6434만 년 전 사이의 기간이다.

캐피탄절: 캐피탄절Capitanian Age의 황금못도 과달루페산맥 국립공원에서 정해졌는데, 니플 힐Nipple Hill 단면의 바닥으로부터 위로 4.5미터 층준에서 코노돈트 *Jinogondolella postserrata*의 첫 출현으로 정해졌다. '캐피탄'이라는 용어는 20세기 초에 과달루페산맥에 드러난 석회암층에 붙여졌던 캐피탄층Capitan Formation에서 따왔다. 캐피탄절은 2억 6434만 년 전에서 2억 5955만 년 전 사이의 기간이다.

3) 러핑세

'러핑통乐平統, Lopingian Series'이라는 명칭이 1923년 중국에서 상

부 페름기의 지층에 처음 사용되었으며, 그 이름은 장시성江西省 러핑시乐平市에서 따왔다. 중국에서 '러핑통'은 우지아핑층과 창싱층으로 구분되었으며, 이 지층명이 그대로 절節의 이름으로 정해졌다. 러핑세Lopingian Epoch의 황금못은 우지아핑절의 황금못(아래 참조)과 같다. 러핑세와 우지아핑절은 2004년 국제지질과학연맹으로부터 승인되었으며(Jin et al., 2006b), 창싱절은 2005년에 승인되었다(Jin et al., 2006a). 러핑세는 2억 5955만 년 전에서 2억 5190만 년 전까지의 기간이다.

우지아핑절: 우지아핑절Wuchiapingian Age의 황금못은 중국 광시성广西省 라이빈시来宾市 펑라이탄Penglaitan 단면에서 코노돈트 *Clarkina postbitteri postbitteri*가 첫 출현하는 층준으로 정해졌으며, 그 이름은 산시성山西省 우지아핑吴家坪에서 유래했다(Jin et al., 2006b). 우지아핑절은 2억 5955만 년 전에서 2억 5424만 년 전 사이의 기간이다.

창싱절: 창싱절Changhsingian Age의 황금못은 중국 저장성浙江省 창싱长兴현 메이산煤山 D 단면에 드러난 창싱 석회암층의 바닥에서 위로 88센티미터 층준에 위치하며, 코노돈트 *Clarkina wangi*의 첫 출현으로 정해졌다(Jin et al., 2006a). 창싱절은 2억 5424만 년 전에서 2억 5190만 년 전 사이의 기간이다.

요약

페름기는 고생대의 마지막 지질시대로 2억 9889만 년 전에서 2억 5190만 년 전까지의 기간이다. 페름기의 황금못은 카자흐스탄 악토베(Aktobe)의 아이다랄래시 크릭 단면에서 19번 층의 바닥으로부터 위로 27미터 지점에 위치하며, 코노돈트 화석 *Streptognathodus isolatus*가 첫 출현하는 층준에서 정해졌다. 페름기는 시스우랄세, 과달루페세, 러핑세로 나뉜다. 시스우랄세는 다시 아셀절, 사크마라절, 아르틴스크절, 쿤구르절로 구분되며, 과달루페세는 로드절, 워드절, 캐피탄절로 이루어지고, 러핑세는 우지아핑절과 창싱절로 나뉜다.

참고문헌

Chernykh, V.V., Chuvashov, B.I., Shen, S.-Z., Henderson, C.M., Yuan, D.-X., and Stephenson, M.H., 2020, "The Global Stratotype Section and Point (GSSP) for the base-Sakmarian Stage (Cisuralian, Lower Permian)," *Episodes*, 43, 1-19.

Davydov, V.I., Barskov, I.S., Bogoslovskaya, M.F., Leven, E.Y., Popov, A.V., Akhmetshina, L.Z., and Kozitskaya, R.I., 1992, "The Carboniferous-Permian boundary in the former USSR and its correlation," *International Geology Review*, 34, 889-906.

Davydov, V.I., Glenister, B.F., Spinosa, C., Ritter, S.M., Chernykh, V.V., Wardlaw, B.R., and Snyder, W.S., 1998, "Proposal of Aidaralash as Global Stratotype Section and Point (GSSP) for base of the Permian System," *Episodes*, 21, 11-18.

Dunbar, C.O., 1940, "The type Permian: its classification and correlation," *Bulletin of the American Association of Petroleum Geologists*, 24, 237-281.

Girty, G.H., 1902, "The Upper Permian in western Texas," *American Journal of Science*, 14, 363-368.

Glenister, B.F., Wardlaw, B.R., Lambert, L.L., Spinosa, C., Bowring, S.A., Erwin, D.H., Menning, M., Wilde, G.L., 1999, "Proposal of Guadalupian and component Roadian, Wordian and Capitanian stages as international standards for the middle Permian series," *Permophiles*, 34, 3-11.

Jin Y., Wardlaw, B.R., Glenister, B.F., and Kotlyar, G.V., 1997, "Permian chronostratigraphic subdivisions," *Episodes*, 20, 10-15.

Jin, Y., Wang, Y., Henderson, C., Wardlaw, B.C., Shen, S., and Cao, C., 2006a, "The Global Boundary Stratotype Section and Point (GSSP) for the base of Changhsingian Stage (Upper Permian)," *Episodes*, 29, 175-182.

Jin, Y., Shen, S., Henderson, C., Wang, X., Wang, W., Wang, Y., Cao, C., and Shang, Q., 2006b, "The Global Stratotype Section and Point (GSSP) for the boundary between the Capitanian and Wuchiapingian Stage (Permian)," *Episodes*, 29, 253-262.

Karpinsky, A.P., 1874, "Geological Investigation of the Orenburg area," *Zapiski Imperatorskargo S. Peterburgskago Mineralogicheskoe Obshchestvo*, Series 2, 9, 212-310 (in Russian).

Karpinsky, A.P., 1889, "Über die Ammoneen der Artinsk-Stufe und einige mit denselben verwandte carbonische Formen," *Memoir of the Imperial Academy of Science St. Petersburg*, Series 7, 37(2), 104.

Lucas, S.G. and Shen, S.Z., 2018, "The Permian chronostratigraphic scale: history, status and prospectus," In: Lucas, S.G. and Shen, S.Z. (eds), *The Permian Timescale, Geological Society*, London, Special Publications, 450, 21-50.

Murchison, R.I., 1841, "First sketch of the principal results of a second geological survey of Russia," *Philosophical Magazine*, Series 3, 19, 417-422.

Ruzhentsev, V.E., 1936, "New data on the stratigraphy of the Carboniferous and Lower Permian of the Orenburg and Aktyubinsk District," *Problemy Sovyetskoi Geologi*, 6, 476-506 (in Russian).

Ruzhentsev, V.E., 1954, "Asselian Stage of the Permian System," *Doklady Akademii Nauk SSSR*, 99, 1079-1082 (in Russian).

제10장

트라이아스기Triassic

페름기 말의 생물대량멸종사건을 겪고 난 후, 지구 생태계는 완전히 황폐해졌다. 초대륙 판게아가 남북으로 길게 늘어서 있었기 때문에 바다로부터 멀리 떨어진 내륙 지역은 대부분 사막이었다. 당시 지구는 기온이 무척 높은 상태였으며, 대기 중 산소 농도는 캄브리아기 이후 가장 낮았다. 높은 기온과 낮은 산소 농도는 생물의 생존에 무척 불리한 조건이다. 당시 해수면 부근의 산소 농도가 오늘날 해발 4000-5000미터에 해당하는 고산 지역의 산소 농도와 비슷했다. 따라서 동물들이 대부분 고도가 낮은 지역에 몰려 살았기 때문에 생물들 사이의 먹이 경쟁이 치열했을 것이다. 그래도 시간이 흐르면서 생물권은 다시 다양해지기 시작했다.

트라이아스기 초기의 지층에서 눈에 띄는 점 중 하나는 조간대 환경에서 형성되는 스트로마톨라이트가 많아졌다는 점이다. 스트로마톨라이트stromatolite를 만드는 생물은 남세균인데, 페름기 말 생물대량멸종사건이 일어났을 때 남세균을 먹어치우는 동물들이 멸종했기 때문인 것으로 보인다. 한편, 트라이아스기의 해양에는 조개, 소라, 성게, 어류 등이 번성해 오늘날의 해양생물계와 비슷했다. 그래서 중생대 이후의 해양생물계를 '현대 진화동물군modern evolutionary fauna'이라고 부른다. 페름기와 트라이아스기 사이에 일어났던 생물계의 커다란 변혁은 일찍이 19세기의 학자들도 인지했던 현상으로 '고생대'와 '중생대' 그리고 '신생대'라는 용어를 탄생시켰다(Phillips, 1840).

페름기 말의 대량멸종사건으로부터 살아남은 생물들이 다시 번성하면서 생물권은 회복되었지만, 트라이아스기 말에 또 다른 생물대량멸종사건을 겪게 된다. 이때 종 수준에서 약 80퍼센트의 생물이 멸종한 것으로 알려졌다. 트라이아스기 말의 대량멸종사건은 대규모 화산분출 때문에 일어났다는 주장이 지지를 받고 있다. 약 2억년 전 트라이아스기 말에 일어났던 대규모 화산분출은 초대륙 판게아가 갈라지기 시작한 사건과 관련이 있다. 이 갈라짐이 아프리카와 북아메리카 대륙 사이에서 일어나면서 지금의 북대서양을 탄생시켰다. 당시 화산활동의 흔적이 현재 북아메리카 동부, 아프리카 북서부 그리고 남아메리카의 북동부에 남겨져 있어 이 지역을 중앙 대서양 마그마지대Central Atlantic Magmatic Province라고 부른다.

1. 트라이아스기의 유래

독일 남부 지역에는 붉은색 퇴적암이 넓게 분포하고 있는데, 이 지역을 자세히 관찰해 보면, 아래쪽에 붉은색 사암/이암으로 이루어진 분트잔트슈타인Buntsandstein, 가운데 석회암으로 이루어진 무셸칼크Muschelkalk, 그리고 그 위에 회색 사암/이암/돌로스톤으로 이루어진 코이퍼Keuper 순으로 쌓여 있다. 19세기 전반에 이 지역을 조사했던 독일의 지질학자 알베르티Friedrich von Alberti(1795-1878)는 이처럼 3부분으로 이루어진 지층과 그 속에 들어 있는 화석군이 매우 독특하다는 생각에서 '트라이아스*Trias*'라는 이름을 제안했다(Alberti, 1834). 이처럼 지층이 3부분으로 이루어졌다는 특징을 반영해 트라이아스기는 한때 삼첩기三疊紀라고 불리기도 했지만, 우리나라에서는 트라이아스기가 표준어다. '삼첩기'는 현재 중국과 일본에서 사용되고 있다.

2. 트라이아스기의 시작

1834년 알베르티가 '트라이아스'라는 용어를 처음 제안했을 때 트라이아스기의 시작은 분트잔트슈타인의 바닥으로 정해졌는데, 이 층은 육성환경에서 쌓였기 때문에 지역에 따라 퇴적 시기가 다른 것으로 알려졌다. 당시 중생대의 가장 중요한 표준화석이 암모나이트였고, 그래서 트라이아스기의 시작을 암모나이트 *Otoceras woodwardi*대의 바닥으로 여겼던 적이 있었다. 하지만 연구가 진행되면서 이 화석도 지역에 따라 출현 시기가 다른 것으로 밝혀졌다.

1981년 결성된 페름기-트라이아스기 경계연구회의 연구에 의해 페름기-트라이아스기 경계 구간에서 산출되는 코노돈트 *Hindeodus*가 트라이아스기 황금못의 기준으로 더 적합하다는 사실이 알려졌다. 그 후 여러 지역에 대한 연구 자료를 바탕으로 트라이아스기의 황금못으로 중국 저장성浙江省 창싱현长兴县 메이산煤山, Meishan 단면 D의 27c층에서 코노돈트 화석 *Hindeodus parvus*가 첫 출현하는 층준으로 정해졌고, 2001년 국제지질과학연맹의 승인을 받았다(Yin et al., 2001). 트라이아스기의 황금못이 위치한 메이산 단면 D는 페름기의 마지막 지질시대인 창싱절의 황금못이 있는 곳으로, 중국에서는 이곳을 국가지질공원으로 조성해 관리하고 있다(구글 지도에서 'Changxing Limestone Golden Spike Protection Zone'을 검색하면 황금못 주변의 경관을 볼 수 있다).

3. 트라이아스기의 시대 세분

독일 남부 지역의 트라이아스기 지층은 주로 육성층으로 이루어지기 때문에 독일을 벗어나면 그 층서를 적용하기 어려웠다. 그래서 트라이아스기 내의 시대 세분(예를 들면, 아니수스절, 라딘절, 카닉절, 노릭절, 래티아절)은 대부분 암모나이트 화석이 많이 산출되는 오스트리아 부근의 알프스 지역에서 이루어졌다. 국제트라이아스기층서위원회에서는 오랜 논의를 바탕으로 1991년 트라이아스기를 3개의 세世와 7개의 절節로 나누기로 결정했다(Visscher, 1992).

현재 트라이아스기는 전기 세, 중기 세, 후기 세로 나뉜다. 전기 세는 인더스절과 올레네크절, 중기 세는 아니수스절과 라딘절, 후기 세는 카닉절, 노릭절, 래티아절로 이루어진다(표 13). 현재 황금못이 확정된 시대를 공인받은 순서에 따라 나열하면 2001년에 전기 세와 인더스절, 2005년에 라딘절, 2008년에 후기 세와 카닉절이다. 아직 황금못이 정해지지 않은 시대는 올레네크절, 중기 세와 아니수스절, 노릭절, 그리고 래티아절이다.

1) 전기 세

트라이아스기 전기 세Early Epoch는 인더스절과 올레네크절로 나뉜다. 전기 세의 황금못은 인더스절의 황금못(아래 참조)과 같으며, 동시에 트라이아스기와 중생대의 황금못이기도 하다. 전기 세는 2억

표 13. 트라이아스기의 지질시대 세분

기(Period)	세(Epoch)	절(Age)	기준이 된 표준화석/황금못의 위치 (황금못의 시작)
트라이아스기 (Triassic)	후기 (Late)	래티아 (Rhaetian)	암모나이트 *Misikella posthemsteini*의 FAD/ 미확정 (2억 951만 년 전)
		노릭 (Norian)	코노돈트 *Metapolygnathus parvus*의 FAD/ 미확정 (2억 2730만 년 전)
		카닉 (Carnian)	암모나이트 *Daxatina canadensis*의 FAD/ 이탈리아 San Cassiano (2억 3700만 년 전)
	중기 (Middle)	라딘 (Ladinian)	암모나이트 *Eoprotrachyceras curionii*의 FAD/ 이탈리아 Bagolino (2억 4146만 년 전)
		아니수스 (Anisian)	코노돈트 *Chiosella timorensis*의 FAD/ 미확정 (2억 4670만 년 전)
	전기 (Early)	올레네크 (Olenekian)	코노돈트 *Neospathodus waageni*의 FAD/ 미확정 (2억 4988만 년 전)
		인더스 (Induan)	코노돈트 *Hindeodus parvus*의 FAD/ 중국 저장성 Meishan (2억 5190만 년 전)

5190만 년 전에서 2억 4670만 년 전까지의 기간이다.

인더스절: 인더스절Induan Age은 인도와 파키스탄 사이를 흐르는 인더스Indus강을 따라 넓게 드러난 암석에 처음 붙여진 이름이다(Kiparisova and Popov, 1956). 하지만 인더스절의 황금못은 인더스강 유역이 아니라 동쪽으로 멀리 떨어져 있는 중국 저장성 창싱현 메이산 단면 D의 27c층에서 코노돈트 화석 *Hindeodus parvus*가 첫 출현하는 층준으로 정해졌다(Yin et al., 2001). 인더스절은 2억 5190만 년 전에서 2억 4988만 년 전 사이의 기간으로 지속기간이 200만 년에 불과할 정도로 짧다.

올레네크절: 올레네크절Olenekian Age의 이름은 시베리아 북동부 지역을 흐르는 올레네크Olenek강에서 따왔으며, 특징적인 암모나이트 화석군을 바탕으로 명명되었다(Kiparisova and Popov, 1956). 그런데 전 세계적으로 인더스절-올레네크절 경계 구간의 층서가 자세히 알려지지 않았기 때문에 올레네크절의 황금못을 아직 정하지 못하고 있다. 현재 올레네크절 황금못의 후보지로 인도 북서부 스피티Spiti 계곡과 중국 안후이성安徽省 부근이 거론되고 있으며, 황금못의 기준으로 코노돈트 *Neospathodus waageni*가 첫 출현하는 층준을 고려하고 있다(Krystyn et al., 2007). 현재 알려진 올레네크절의 지속기간은 2억 4988만 년 전에서 2억 4670만 년 전까지다.

2) 중기 세

트라이아스기 중기 세Middle Epoch는 아니수스절과 라딘절로 나뉜다. 중기 세와 아니수스절의 황금못은 아직 정해지지 않았지만, 라딘절의 황금못은 2005년 확정되었다. 중기 세는 2억 4670만 년 전에서 2억 3700만 년 전 사이의 기간이다.

아니수스절: 아니수스절Anisian Age은 19세기 말엽에 오스트리아 그로스라이플링Grossreifling 부근을 흐르는 엔즈Enns 강변에 드러난 석회암층에 사용되었다. '아니수스'라는 이름은 엔즈강의 라틴명이 '*Anisus*'인 데서 유래했다. 아니수스절의 황금못은 아직 정해지지 않았지만, 코노돈트 *Chiosella timorensis*가 첫 출현하는 층준을 황금못의 기준으로 고려하고 있다. 현재 황금못 후보지로 루마니아의 데슬리 카이라 힐Desli Caira Hill 지역과 중국 구이저우성貴州省 난판장분지南

盤江盆地의 구안다오关刀, Guandao 단면이 경쟁하고 있다. 아니수스절은 약 2억 4670만 년 전에서 약 2억 4146만 년 전 사이의 기간으로 알려져 있다.

라딘절: 라딘절Ladinian Age이란 지질시대가 등장한 때는 19세기 말엽으로 이탈리아 북부의 알프스 지역에 드러난 지층에 처음 사용되었다(Bittner, 1892). '라딘'이라는 이름은 이탈리아 돌로미티 지역에 살았던 종족명 라딘Ladin에서 따왔다. 라딘절의 황금못은 2005년 확정되었는데, 이탈리아 북부의 작은 도시 바고리노Bagolino 남쪽에 있는 하천 바닥에 드러난 부헨슈타인Buchenstein층의 하부 경계로부터 위로 약 5미터 층준에서 암모나이트 *Eoprotrachyceras curionii*의 첫 출현으로 정해졌다(Brack et al., 2005). 라딘절은 약 2억 4146만 년 전에서 약 2억 3700만 년 전 사이의 기간이다.

3) 후기 세

오스트리아 알프스 지역에서 후기 트라이아기가 카닉절, 노릭절, 래티아절로 이루어진다는 논문이 19세기 후반에 발표되었다(Mojsisovics, 1869). 하지만 그 이름들이 서로 다른 지역에서 명명되었기 때문에 그들 사이의 선후관계가 명확하지 않았다. 실제로 그 논문에서는 노릭절이 카닉절보다 오랜 것으로 다루어졌는데, 이는 알프스 지역의 지질구조가 복잡하기 때문에 일어난 오류였다. 나중에 이루어진 연구에 의해 카닉절이 노릭절보다 오랜 것으로 밝혀졌다(Bittner, 1892).

트라이아스기 후기 세Late Epoch의 황금못(동시에 카닉절의 황금못)

은 2008년 확정되었지만, 노릭절과 래티아절의 황금못은 아직 정해지지 않았다. 후기 세는 2억 3700만 년 전에서 2억 136만 년 전까지의 기간이다.

카닉절: 카닉절Carnian Age의 이름은 오스트리아의 카닉 알프스Carnic Alps에서 유래했으며(Mojsisovics, 1869), 특징적인 암모나이트 화석군(*Trachyceras*, *Tropites* 등)이 들어 있는 할슈타트Hallstatt 석회암층에 붙여졌던 이름이다. 카닉절의 황금못은 이탈리아 돌로미티 지역 산 카시아노San Cassiano의 남쪽 4.7킬로미터에 위치한 고도 1980미터 산악지대에 드러난 산 카시아노층San Cassiano Formation의 바닥에서 위로 45미터 지점에 있는 SW4층에서 암모나이트 *Daxatina canadensis*가 첫 출현하는 층준으로 정해졌다(Mietto et al., 2012). 이와 함께 코노돈트 *Quadralella polygnathiformis*가 *Daxatina canadensis*보다 70센티미터 위에서 산출된다는 사실도 카닉절의 시작을 인지할 수 있는 좋은 자료로 알려졌다. 카닉절은 2억 3700만 년 전에서 2억 2730만 년 전 사이의 기간이다.

노릭절: 노릭절Norian Age은 카닉절과 함께 제안되었는데, 그 이름은 오스트리아 남부의 노릭 알프스Noric Alps에서 유래했다(Mojsisovics, 1869). 노릭절의 황금못은 아직 정해지지 않았지만, 황금못의 기준으로 암모나이트 *Stikinoceras kerri*대의 시작 또는 코노돈트 *Metapolygnathus parvus*가 처음 출현하는 층준을 고려하고 있다. 현재 황금못 후보로 캐나다의 블랙 베어 리지Black Bear Ridge(Orchard, 2007)와 시칠리아의 피초 몬델로Pizzo Mondello(Nicora et al., 2007)가 경쟁

하고 있다. 노릭절은 약 2억 2730만 년 전에서 약 2억 951만 년 전 사이에 걸친 1779만 년의 기간으로 트라이아스기 내의 절節 중에서 가장 길다.

래티아절: 래티아절Rhaetian Age은 1861년 오스트리아에서 특징적인 이매패 화석이 들어 있는 지층에 처음 쓰였다. '래티아'라는 이름은 현재 스위스 동부와 오스트리아 남부 그리고 이탈리아 북부 지역을 아우르는 래티안 알프스Rhaetian Alps에서 따왔다. 예전에 래티아절은 쥐라기에 속하는 것으로 다루어졌던 적도 있고, 때로는 노릭절에 포함되기도 했다.

래티아절이 하나의 독립된 시대명으로 자리 잡은 것은 1991년 국제트라이아스기층서위원회의 결정에 따른 것이다. 래티아절의 황금못은 아직 정해지지 않았으며, 현재 황금못의 기준을 코노돈트, 암모나이트, 방산충 중에서 선정하기 위한 연구가 진행 중이다. 황금못의 후보지역으로 오스트리아의 할슈타트 부근 슈타인베르그코겔Steinbergkogel 단면이 고려되고 있지만(Krystyn, 2010), 캐나다와 터키에도 좋은 단면이 있는 것으로 알려져 있다. 래티아절은 2억 951만 년 전에서 2억 136만 년 전 사이의 기간이다.

요약

트라이아스기는 중생대의 첫 번째 지질시대로 2억 5190만 년 전에서 2억 136만 년 전 사이의 기간이다. 트라이아스기의 황금못은 중국 저장성 창싱현 메이산 단면 D의 27c층에서 코노돈트 화석 *Hindeodus parvus*가 첫 출현하는 층준으로 정해졌다. 트라이아스기는 전기 세, 중기 세, 후기 세로 나뉘며, 전기 세는 인더스절과 올레네크절, 중기 세는 아니수스절과 라딘절, 그리고 후기 세는 카닉절, 노릭절, 래티아절로 이루어진다.

참고문헌

Alberti, F.A. von, 1834, *Beitrag zu einer Monographie des Bunter Sandsteins, Muschelkalks und Keuper und die Verbindung dieser Gebilde zu einer Formation*, Verlag der J.G. Cottaishen Buchhandlung, 326.

Bittner, A., 1892, "Was ist norisch?," *Jahrbuch Geologischen Reichsanstalt*, 42, 387-396.

Brack, P., Rieber, H., Nicora, A., and Mundil, R., 2005, "The Global boundary Stratotype Section and Point (GSSP) of the Ladinian Stage (Middle Triassic) at Bagolino (southern Alps, northern Italy) and its implications for the Triassic time scale," *Episodes*, 28, 233-244.

Kiparisova, I.D. and Popov, Y.N., 1956, "Subdivision of the Lower Series of the Triassic System into stages," *Doklady Academy Sciences USSR*, 109, 842-845 (in Russian).

Krystyn, L., 2010, "Decision report on the defining event for the base of the Rhaetian Stage," *Albertiana*, 38, 11-12.

Krystyn, L., Bhargava, O.N., and Richoz, S., 2007, "A candidate GSSP for the base of the Olenekian Stage: Mud at Pin Valley; district Lahul & Spiti, Himachal Pradesh (Western Himalaya), India," *Albertiana*, 35, 5-29.

Mietto, P., Manfrin, S., Preto, N., Rigo, M., Roghi, G., Furin, S., Gianolla P., Posenato, R., Muttoni, G., Nicora, A., Buratti, N., Cirilli, S., Spötl, C., Ramezani, J., and Bowring, S.A., 2012, "The Global boundary Stratotype Section and Point (GSSP) of the Carnian (Late Triassic) at Prati Di Stuores/Stuores Wiesen section (southern Alps, NE Italy)," *Episodes*, 35, 414-430.

Mojsisovics, E. von, 1869, "Über die Gliederung der oberen Triasbildungen der östlichen Alpen," *Jahrbuch Geologischen Reichsanstalt*, 19, 91-150.

Nicora, A., Balini, M., Bellanea, A., Bowring, S.A., Di Stefano, P., Dumitrica, P., Guaiumi, C., Gullo, M., Hungerbuehler, A., Levera, M., Mazza, M., McRoberts, C.A., Muttoni, G., Preto, N., and Rigo, M., 2007, "The Carnian/Norian boundary interval at Pizzo Mondello (Sicani Mountains, Sicily) and its bearing for the definition of the GSSP of the Norian Stage," *Albertiana*, 36, 102-129.

Orchard, M.J., 2007, "A proposed Carnian-Norian Boundary GSSP at Black Bear Ridge, northeast British Columbia, and a new conodont framework for the boundary interval," *Albertiana*, 36, 130-141.

Phillips, J., 1840, "Palaeozoic Series," In: Long, G. (ed.), *The Penny Cyclopaedia of the Society for the Diffusion of Useful Knowledge*, 17, 153-154.

Visscher, H., 1992, "The new STS Triassic stage nomenclature," *Albertiana*, 10, 1-2.

Yin, H., Zhang, K., Tong, J., Yang, Z., and Wu, S., 2001, "The Global Stratotype Section and Point (GSSP) of the Permian-Triassic Boundary," *Episodes*, 24, 102-114.

제11장

쥐라기Jurassic

1993년 개봉된 영화 〈쥬라기공원Jurassic Park〉은 호박琥珀 속에 남아 있는 모기의 피에서 공룡의 DNA를 추출하고 복제 기술을 이용해 공룡을 복원할 수 있다는 상상력을 바탕으로 만들어진 공상과학영화로 전 세계적으로 크게 흥행했다. 이 영화 덕분에 공룡과 쥬라기(외래어 표기법에 의하면 '쥐라기')는 많은 사람들에게 친숙한 용어가 되었고, 공룡은 쥐라기에 살았던 생물이라는 인식을 대중에게 심어 주었다. 공룡은 어린이들이 가장 좋아하는 대상의 하나지만, 사실 '공룡'은 생물 분류 체계에는 없는 용어다.

그렇다면 우리가 공룡이라고 부르는 생물은 무엇일까? 공룡恐龍은 '중생대에 육상에서 살았던 곧추선 다리를 가진 파충류'를 뜻하는 일반 용어다. 여기서 네 단어가 중요한데, 중생대, 육상, 곧추선 다리, 그리고 파충류가 그것이다. 이 네 가지 요건 중 어느 하나라도 충족하지 않으면 공룡이 아니다. 흔히 공룡의 한 종류로 생각하기 쉬운 익룡翼龍은 하늘을 날았기 때문에 공룡이 아니며, 어룡魚龍과 수장룡首長龍은 물속에서 살았기 때문에 공룡이 아니다.

공룡이 지구상에 처음 등장했던 때는 트라이아스기 중엽(약 2억 3000만 년 전)이다. 하지만 공룡도 초기에는 다른 파충류에게 밀려서 생태계에서 중추적 역할을 하지 못했다. 공룡이 번성하기 시작한 것은 트라이아스기 말(약 2억 년 전)의 생물대량멸종사건이 일어난 이후였다. 공룡은 쥐라기에 들어서서 다양해졌고, 백악기에 크게 번성했다가 백악기 끝날 무렵 지구상에서 완전히 사라졌다. 최근 중국에서 다양한 모습의 털 달린 공룡 화석이 발견된 후에 새가 공룡으로부터 진화했다는 이론이 확립되었다. 엄밀하게 말하면, 공룡은 멸종된 것이 아니라 새의 모습으로 탈바꿈해 더욱 번성한 셈이다.

페름기 말의 생물대량멸종사건은 지구 역사상 가장 규모가 컸던 멸종사건이었다. 그래도 고생대의 주요 식물군은 대부분 이 멸종사건으로부터 살아남았다. 육상식물 중에서 전기 트라이아스기에는 석송류石松類가 우세했지만, 중기 트라이아스기 이후부터 겉씨식물(소철, 은행, 소나무 등)이 다양해졌다. 중생대 겉씨식물 중에서 가장 성공했던 종류는 소철류蘇鐵類인데, 특히 쥐라기에 크게 번성해 쥐라기를 '소철의 시대'라고 부르기도 한다.

1. 쥐라기의 유래

'쥐라'라는 용어가 암석에 처음 사용된 때는 18세기 말엽으로 독일의 자연과학자 훔볼트Alexander von Humboldt(1769-1859)가 스위스 북부의 쥐라산맥에 분포하는 암석에 '쥐라 석회암Jura Kalkstein'이라는 이름을 붙였다(Humboldt, 1799). 하지만 이때 훔볼트는 쥐라 석회암이 독일의 중부 트라이아스기 석회암인 무셸칼크Muschelkalk 보다 오랜 암석으로 착각했었다. 쥐라 석회암이 무셸칼크보다 젊다는 사실을 밝혀낸 사람은 프랑스의 고생물학자 브롱니아르Alexandre Brongniart(1770-1847)로, 그는 1829년 쥐라 석회암을 연구해 영국의 중기 쥐라기에 해당하는 Lower Oolite Series에 대비하면서 'Terrains Jurassiques'라는 용어를 썼다.

쥐라기를 현재와 같이 세 부분으로 나눈 사람은 독일의 고생물학자 부흐Leopold von Buch(1774-1853)였다(Buch, 1839). 그 후, 독일에서 이루어진 자세한 연구에 의해 쥐라기 암석은 하부로부터 각각 흑색 쥐라Swartzer Jura, 갈색 쥐라brauner Jura, 백색 쥐라Weisser Jura로 구분되었다. 영국에서도 쥐라기 암석을 세 부분으로 나누어 하부로부터 각각 리아스Lias, 도거Dogger, 말름Malm으로 불렀고, 이 명칭들은 최근까지도 유럽의 논문에 자주 등장했다. 이러한 전통을 이어받아 현재 쥐라기는 전기 세, 중기 세, 후기 세로 구분되었다.

2. 쥐라기의 시작

19세기 중엽, 유럽에서 쥐라기가 크게 세 부분으로 나뉜다는 사실이 알려진 후에 프랑스의 도르비니Alcide d'Orbigny(1802-1857)는 '흑색 쥐라' 또는 '리아스'에 해당하는 쥐라기 지층 하부를 암모나이트 화석군을 바탕으로 세 부분으로 나누어 시네무룸절Sinemurian Age, 리아스절Liasian Age, 토아르시움절Toarcian Age로 구분했다. 당시의 시네무룸절은 현재의 트라이아스기 최상부 구간도 포함하는 개념이었다.

독일의 지질학자 오펠Albert Oppel(1831-1865)은 쥐라기의 시작을 암모나이트 화석 *Psiloceras planorbis*의 첫 출현으로 정할 것을 제안했으며(Oppel, 1856-1858), 아울러 리아스절의 이름을 플린스바흐절Pliensbachian로 바꾸었다. 몇 년 후, 스위스의 지질학자 르네비어Eugene Renevier(1831-1906)는 시네무룸절의 최하부에 속하는 암모나이트

*Psiloceras planorbis*대와 *Schlotheimia angulata*대 구간에 에탕주절 Hettangian Age이라는 새로운 시대를 제안했다(Renevier, 1864).

쥐라기의 황금못을 정하기 위한 움직임은 1984년 국제쥐라기 층서위원회 산하에 트라이아스기-쥐라기 경계연구회가 발족되면서 활발해졌다. 이어서 쥐라기 황금못의 후보지역들이 영국, 미국, 캐나다, 오스트리아 등 여러 곳에서 제안되었다. 이 중에서 선정된 쥐라기 황금못은 오스트리아 서부에 위치한 카르벤델Karwendel산맥의 쿠요흐Kuhjoch(해발 1760미터) 단면에서 암모나이트 화석 *Psiloceras spelae tirolicum*이 첫 출현하는 층준으로 정해졌으며, 2010년 국제지질과학연맹의 승인을 받았다(Hillebrandt et al., 2013).

3. 쥐라기의 시대 세분

유럽에서는 19세기부터 쥐라기가 크게 세 부분으로 나뉜다는 사실이 잘 알려져 있었다. 이에 따라 쥐라기는 암모나이트 화석 자료를 바탕으로 3개의 세와 11개의 절로 세분되었다. 현재 쥐라기는 전기 세, 중기 세, 후기 세로 나뉜다. 전기 세는 에탕주절, 시네무룸절, 플린스바흐절, 토아르시움절, 중기 세는 알렌절, 바조카에절, 바토니움절, 칼로비움절, 그리고 후기 세는 옥스퍼드절, 킴머리지절, 티토누스절로 이루어진다(표 14).

현재 황금못이 확정된 시대는 2010년 전기 세와 에탕주절, 2000년 시네무룸절, 2005년 플린스바흐절, 2014년 토아르시움절, 2000년 중기 세와 알렌절, 1996년 바조카에절, 2008년 바토니움절, 2021년 킴머리지절이다. 아직 황금못이 정해지지 않은 시대는 후기

표 14. 쥐라기의 지질시대 세분

기(Period)	세(Epoch)	절(Age)	기준이 된 표준화석/황금못의 위치 (황금못의 시작)
쥐라기 (Jurassic)	후기 (Late)	티토누스 (Tithonian)	*Hybonoticeras hybonotum*의 FAD/미확정 (1억 4924만 년 전)
		킴머리지 (Kimmeridgian)	*Pictonia flodigarriensis*의 FAD/스코틀랜드 Isle of Skye (1억 5478만 년 전)
		옥스퍼드 (Oxfordian)	*Hecticoceras (Brightia) thuouxensis*의 FAD/미확정 (1억 6153만 년 전)
	중기 (Middle)	칼로비움 (Callovian)	*Kepplerites (Kepplerites) keppleri*의 FAD/미확정 (1억 6529만 년 전)
		바토니움 (Bathonian)	*Gonolkites convergens*의 FAD/프랑스 Ravin du Bès 단면 (1억 6817만 년 전)
		바조카에 (Bajocian)	*Hyperlioceras mundum*의 FAD/포르투갈 Cabo Mondego (1억 7090만 년 전)
		알렌 (Aalenian)	*Leioceras opalinum*의 FAD/스페인 Fuentelsaz (1억 7470만 년 전)
	전기 (Early)	토아르시움 (Toarcian)	*Dactyloceras (Eodactylites) simplex*의 FAD/포르투갈 Ponta do Trovão (1억 8420만 년 전)
		플린스바흐 (Pliensbachian)	*Bifuriceras donovani*의 FAD/영국 Robin Hood's Bay (1억 9290만 년 전)
		시네무룸 (Sinemurian)	*Vermiceras quantoxense*의 FAD/영국 East Quantoxhead (1억 9946만 년 전)
		에탕주 (Hettangian)	*Psiloceras spelae*의 FAD/오스트리아 Kuhjoch (2억 136만 년 전)

세와 칼로비움절, 옥스퍼드절, 티토누스절이다.

1) 전기 세

19세기 전반에 전기 쥐라기는 독일에서 흑색 쥐라 그리고 영국에서는 리아스로 불렸다. 1840년대에 이르러 전기 쥐라기는 도르비니에 의해 3개 절—시네무룸, 리아스, 토아르시움—로 나뉘었다. 19세기 중엽에 리아스절의 이름이 플린스바흐절로 바뀌었고, 시네무룸절 아래에 에탕주절이 추가되었다.

현재 쥐라기 전기 세Early Epoch는 에탕주절, 시네무룸절, 플린스바흐절, 토아르시움절로 이루어진다. 전기 세의 황금못은 쥐라기의 황금못과 같고, 동시에 에탕주절의 황금못이기도 하다. 전기 세는 2억 136만 년 전에서 1억 7470만 년 전까지의 기간이다.

에탕주절: 1864년에 에탕주절Hettangian Age이 제안되었을 때 암모나이트 *Psiloceras planorbis*대와 *Schlotheimia angulata*대를 합친 구간에 붙여진 이름이었다(Renevier, 1864). '에탕주'라는 이름은 프랑스 북동부에 있는 작은 마을 에탕주-그랑드Hettange-Grande에서 따왔다. 현재 에탕주절의 황금못은 원래 제안되었던 것보다 약간 아래 층준에서 정해졌으며, 오스트리아 북서부에 위치한 카르벤델산맥에 위치한다(Hillebrandt et al., 2013). 황금못은 암모나이트 *Psiloceras spelae*가 첫 출현하는 층준으로 정해졌으며, 트라이아스기 말 생물 대량멸종사건에서 살아남은 암모나이트 *Psiloceras spelae*는 쥐라기에 접어들면서 빠르게 다양해져 에탕주절에만 20속이 넘는 종류로 발전했다. 에탕주절은 2억 136만 년 전에서 1억 9946만 년 전 사이로 지속기간이 190만 년에 불과할 정도로 짧다.

시네무룸절: 시네무룸절Sinemurian Age은 19세기 중엽 프랑스의 도르비니에 의해 명명되었으며, 그 이름은 프랑스 중동부의 작은 도시 스뮈르-앙-오수아Semur-en-Auxois에서 따왔는데, 이 도시의 이름이 라틴어로 '*Sinemurum briennse castrum*'인 데서 유래했다. 명명될 당시에는 시네무룸절이 쥐라기의 가장 오랜 지질시대였지만, 이후 에탕주절이 쥐라기의 첫 번째 절로 제안됨에 따라 시네무룸절의 시작은 특정한 암모나이트 화석의 출현으로 조정되었다. 하지만 그 후 자세한 연구에 의해 프랑스의 시네무룸절 표식지에서 퇴적이 중단된 구간이 있다는 사실이 밝혀졌다.

그래서 새롭게 정해진 시네무룸절의 황금못은 영국 남서부의 작은 마을 이스트 콴톡스헤드East Quantoxhead 북쪽의 해안 절벽에 드러난 145번 층의 바닥으로부터 위로 90센티미터 층준에서 암모나이트 *Vermiceras quantoxense*와 *Metophioceras* sp. A의 첫 출현으로 정해졌다(Bloos and Page, 2002). 이 황금못은 2000년 국제지질과학연맹의 공인을 받았다. 시네무룸절은 1억 9946만 년 전에서 1억 9290만 년 전까지의 기간이다.

플린스바흐절: 플린스바흐절Pliensbachian Age은 19세기 중엽 독일의 고생물학자 오펠에 의해 제안되었는데(Oppel, 1856-1858), 1840년대에 도르비니가 제안했던 리아스절을 대치한 이름이다. 이때 정해진 플린스바흐절은 암모나이트 생층서대 *Uptonia jamesoni*대에서 *Pleuroceras spinatus*대까지 아우르는 구간이었다. '플린스바흐'라는 이름은 독일 남부의 작은 마을 플린스바흐Pliensbach에서 따왔는데, 플린스바흐 부근을 흐르는 작은 하천에 이 시기의 지층들이 잘 드러

나 있다. 플린스바흐절을 경계로 이전에 번성했던 암모나이트들이 멸종하고 새로운 종류의 암모나이트가 등장했다. 그런데 시네무룸절과 플린스바흐절 사이에는 부정합이 존재하는 곳이 많았기 때문에 오랜 연구 끝에 영국 요크셔Yorkshire 지방에서 황금못을 찾아냈다.

플린스바흐절의 황금못은 영국 요크셔 지방 로빈 후드 만Robin Hood's Bay의 해안을 따라 드러난 와인 헤이븐Wine Haven 단면의 73b층 바닥으로 정해졌으며, 2005년 국제지질과학연맹의 승인을 받았다(Meister et al., 2006). 이 층준에서 산출되는 특징적 암모나이트로 *Bifericeras donovani*와 *Apoderoceras* sp.가 있다. 플린스바흐절은 1억 9290만 년 전에서 1억 8420만 년 전까지의 기간이다.

토아르시움절: 토아르시움절Toarcian Age은 1852년 도르비니에 의해 제안되었으며, 쥐라기 전기 세의 마지막 시대다. '토아르시움'이라는 이름은 프랑스 서부에 있는 작은 마을 투아르Thouars에서 따왔는데, 그 도시 이름이 라틴어로 토아르시움*Toarcium*인 데서 유래했다. 하지만 이곳의 플린스바흐절-토아르시움절 경계 구간에 부정합이 있다는 사실이 드러나면서 황금못으로서의 자격을 잃게 되었다.

1984년에 결성된 플린스바흐절-토아르시움절 경계연구회는 세계 여러 곳의 황금못 후보지역에 대한 20여 년에 걸친 조사와 논의를 바탕으로 포르투갈의 페니시Peniche 반도에서 황금못을 찾아냈고, 2014년 국제지질과학연맹으로부터 승인을 받았다(Rocha et al., 2016). 토아르시움절의 황금못은 포르투갈 페니시 반도의 폰타 도 트로방Ponta do Trovão 단면에서 15e층의 바닥으로 정해졌으며, 이 층준에서 암모나이트 *Dactylioceras* (*Eodactylites*) *simplex*와 함께 *D.* (*E.*)

pseudocommune, D. (*E.*) *polymorphum*이 처음으로 출현한다. 토아르시움절은 1억 8420만 년 전에서 1억 7470만 년 전까지의 기간이다.

2) 중기 세

19세기에 중기 쥐라기는 독일에서 갈색 쥐라 그리고 영국에서 도거로 불렸다. 이때 영국에서 중기 쥐라기는 바토니움절을 확장한 개념이었지만, 나중에 바토니움절 아래에 바조카에절이 만들어졌고, 바조카에절 아래에 다시 알렌절이 추가되었다. 영국에서는 원래 도거의 상한을 칼로비움절 바닥에 두었지만, 20세기에 들어와서 칼로비움절도 중기 쥐라기에 포함되었다.

현재 쥐라기 중기 세Middle Epoch는 알렌절, 바조카에절, 바토니움절, 칼로비움절로 이루어진다. 중기 세의 황금못은 알렌절의 황금못과 같다(아래 참조). 중기 세는 1억 7470만 년 전에서 1억 6153만 년 전까지의 기간이다.

알렌절: 알렌절Aalenian Age은 1864년 스위스의 지질학자 마이어-아이마르Karl Mayer-Eymar(1826-1907)에 의해 갈색 쥐라의 가장 오랜 시대로 제안되었으며, 표식지는 독일 남부의 작은 도시 알렌Aalen이다. 독일에서 알렌절의 시작은 암모나이트 *Leioceras*가 첫 출현하는 층준으로 알려졌다.

알렌절의 황금못을 선정하기 위한 연구는 1990년대에 들어서면서 활발해졌다. 알렌절 황금못 연구회에서는 황금못 후보지역으로 스페인의 푸엔텔사즈Fuentelsaz 단면과 독일 남부의 비트나우Wittnau 단면을 선정한 다음, 두 지역에 대한 자세한 연구를 바탕으로 스페인의 푸엔텔사즈 단면을 최종 후보로 확정했다(Cresta et al., 2001). 알렌절의 황금못은 푸엔텔사즈 단면 FZ107층의 바닥으로 정해졌는데, 이 층준에서 암모나이트 *Leioceras opalinum*과 *Leioceras lineatum*이 첫 출현한다. 알렌절의 황금못은 2000년 국제지질과학연맹의 공인을 받았다. 알렌절은 1억 7470만 년 전에서 1억 7090만 년 전까지의 기간이다.

바조카에절: 바조카에절Bajocian Age은 19세기 중엽 도르비니에 의해 명명되었다. 그 이름은 프랑스 노르망디 지역의 작은 도시 베이유Bayeux에서 정해졌는데, 베이유가 라틴어로 '*Bajocae*'인 데서 유래했다. 하지만 당시 도르비니가 암모나이트 화석 표본을 정리하면서 바조카에절과 토아르시움절 화석을 혼동했기 때문에 바조카에절의 개념을 확립하는 데 문제가 있었다. 그 후 이루어진 연구에 의해 베이유 단면에는 퇴적이 중단된 부분이 있을 뿐만 아니라 재퇴적된 화석도 있다는 사실이 밝혀지면서 표식지로서의 자격을 잃게 되었다.

바조카에절의 황금못을 정하기 위한 연구회가 1988년 결성되었다. 이 연구회는 여러 지역에 대한 자세한 조사와 논의 끝에 포르투갈의 무르틴하이라Murtinheira 해변 단면과 스코틀랜드 스카이섬Isle of Skye의 베어레레이그만Bearreraig Bay 단면을 황금못 후보로 선정했고, 1994년에 바조카에절의 황금못으로 포르투갈의 무르틴하이라 단면을 확정했다. 스코틀랜드의 베어레레이그만 단면은 황금못을 보조하는 단면으로 추천되었다. 바조카에절의 황금못은 무르틴하이라 단면의 AB11층 바닥에서 특정한 암모나이트 화석군(*Hyperlioceras mundum, H. furcatum, Braunsina aspera, B. elegantula*)이 출현하는 층준으로 정해졌다(Pavia and Enay, 1996). 바조카에절의 황금못은 1996년 국제지질과학연맹으로부터 공인받았다. 바조카에절은 1억 7090만 년 전에서 1억 6817만 년 전까지의 기간이다.

바토니움절: 바토니움절Bathonian Age은 1843년 벨기에 지질학자 도말리우스 달로이J. J. d'Omalius d'Halloy(1783-1875)에 의해 명명되었으며, 표식지는 영국 남서부의 배스Bath(라틴어로 *Bathonium*으로 불림)로 그 지역에 넓게 분포하는 어란상魚卵狀 석회암에 붙여졌다. 하지만 배스 지역은 층서적으로 불완전했고, 화석의 산출도 좋지 않았다. 10여 년 후, 도르비니는 바토니움절 아래 구간에 바조카에절이라는 새로운 시대를 추가했는데, 그 기준을 명확히 제시하지는 못했다. 바토니움절이 제안된 후 100여 년이 지난 1964년에 이르러 바토니움절의 시작을 암모나이트 *Zigzagiceras zigzag* 화석대의 바닥에 두자는 제안이 있었다.

바토니움절의 황금못을 정하기 위한 연구는 1990년에 시작되었으며, 바토니움절 황금못 연구회에서는 프랑스 남부 산악 지역의 하방 듀 베스Ravin du Bés를 황금못 후보로 선정했다. 바토니움절의 황금못은 하방 듀 베스 단면의 RB071층 바닥으로 암모나이트 *Gonolkites convergens*와 *Morphoceras parvum*이 첫 출현하는 층준이다(Fernández-López et al., 2009). 바토니움절의 황금못은 2008년 국제지질과학연맹의 승인을 받았다. 바토니움절은 1억 6817만 년 전에서 1억 6529만 년 전까지의 기간이다.

칼로비움절: 칼로비움절Callovian Age은 19세기 중엽 도르비니에 의해 명명되었으며, 그 이름은 영국 남부의 작은 마을 켈라웨이즈Kellaways에서 따왔는데 켈라웨이즈가 라틴어로 칼로비움*Callovium*으로 불린 데서 유래했다. 당시에 칼로비움절의 시작은 암모나이트 *Macrocephalites macrocephalus*대의 바닥으로 정해졌고, 이러한 생각은 20세기 중엽까지 이어졌다.

그러나 연구가 진행되면서 *Macrocephalites*가 바토니움절에서도 산출된다는 사실이 밝혀지면서 칼로비움절의 시작을 *Kepplerites* (*Kepplerites*) *keppleri*가 첫 출현하는 층준으로 바꾸어야 한다는 주장이 등장했다. 그래서 칼로비움절의 황금못 후보로 독일 남서부 알브슈타트-페핑겐Albstadt-Pfeffingen의 로쉬바흐탈Roschbachtal 단면이 추천되었다(Callomon and Dietl, 2000). 하지만 로쉬바흐탈 단면에서 퇴적이 중단된 구간이 있다는 사실이 알려지면서 황금못으로 적합하지 않다는 주장이 제기되었고, 이 때문에 칼로비움절의 황금못을 정하는 일이 미루어지고 있다. 현재 잠정적으로 정해진 칼로비움절은 1억 6529만 년 전에서 1억 6153만 년 전까지의 기간이다.

3) 후기 세

19세기에 후기 쥐라기의 지층은 독일에서 백색 쥐라 그리고 영국에서 말름으로 불렸다. 19세기 중엽 도르비니는 후기 쥐라기를 4개의 절 — 옥스퍼드Oxfordian, 코랄Corallian, 킴머리지Kimmeridgian, 포틀랜드Portlandian — 로 나누었다. 하지만 후기 쥐라기의 4개 절을 구분하는 기준이 명확하게 제시되지 않았다. 한편 독일의 오펠은 도르비니의 후기 쥐라기에서 코랄절과 포틀랜드절을 제외하고, 쥐라기의 마지막 시대로 티토누스절Tithonian Age을 추가했다(Oppel, 1856-1858). 이처럼 후기 쥐라기의 시대를 세분하는 일이 혼란스러웠던 이유는 지역에 따라 산출되는 화석군의 내용이 크게 달랐고, 퇴적작용이 중단된 구간이 있었기 때문이다.

현재 국제쥐라기층서위원회에서는 쥐라기 후기 세Late Epoch를 옥스퍼드절, 킴머리지절, 티토누스절로 나눈다는 큰 원칙은 세웠지만, 화석을 바탕으로 한 층서 대비가 어렵기 때문에 아직도 옥스퍼드절과 티토누스절의 황금못을 정하지 못하고 있다. 후기 세는 1억 6153만 년 전에서 1억 4310만 년 전까지의 기간이다.

옥스퍼드절: 옥스퍼드절Oxfordian Age은 19세기 중엽 도르비니에 의해 제안되었는데, 그 이름은 영국 옥스퍼드 부근에 분포하는 옥스퍼드 클레이층Oxford Clay Formation에서 따왔다. 이때 도르비니는 옥스퍼드절 위에 코랄절이 놓이는 것으로 생각했다. 하지만 오펠(Oppel, 1856-1858)은 코랄절 대부분이 옥스퍼드절에 속한다는 사실을 밝혀냈다. 20세기 들어 옥스퍼드절의 시작은 암모나이트 *Quenstedtoceras mariae*의 첫 출현 또는 옥스퍼드 클레이층의 바닥으로 받아들여졌다. 최근에는 약간 상위의 *Hecticoceras* (*Brightia*) *thuouxensis*가 첫 출현하는 층준이 더 적합하다는 주장도 제기되었다.

현재 옥스퍼드절의 황금못 후보지역으로 영국의 웨이머스Weymouth 부근 레드클립 포인트Redcliff Point와 프랑스 남부 아스프레몽Aspremont 부근의 투오Thuoux 단면이 경쟁하고 있다. 옥스퍼드절은 약 1억 6153만 년 전에서 1억 5478만 년까지의 기간이다.

킴머리지절: 킴머리지절Kimmeridgian Age은 19세기 중엽 도르비니에 의해 명명되었다. 그 이름은 영국 남부의 작은 마을 킴머리지Kimmeridge에서 따왔는데, 킴머리지 해안 절벽을 따라 검은색의 킴머리지 클레이층Kimmeridge Clay Formation이 잘 드러나 있다. 오펠(Oppel, 1856-1858)은 도르비니가 제안했던 코랄절의 상부를 킴머리지절에 포함시켰지만, 킴머리지절의 시작과 끝을 명확히 제시하지는 못했다. 20세기 중엽에 킴머리지절의 시작을 암모나이트 *Pictonia baylei*대의 바닥 또는 *Pictonia flodigarriensis*가 첫 출현하는 층준으로 정하자는 제안이 있었다. 하지만 지역에 따라 이 화석의 산출 양상이 달랐기 때문에 정확한 대비가 어려웠고, 따라서 국제적인 표준을 정하는 데 어려움이 있었다.

국제쥐라기층서위원회에서는 오랜 연구를 바탕으로 킴머리지절의 황금못으로 스코틀랜드 스카이섬의 플로디개리Flodigarry 해안 단면을 선정했다(Wierzbowski et al., 2006). 황금못은 플로디개리 단면의 36번 층 바닥 아래 1.25미터 층준에 위치하며, 2021년 국제지질과학연맹의 승인을 받았다. 킴머리지절은 약 1억 5478만 년 전에서 1억 4924만 년 전까지의 기간이다.

티토누스절: 티토누스절Tithonian Age은 독일의 지질학자 오펠에 의해 명명되었다(Oppel, 1865). '티토누스'라는 용어는 그리스 신화에 나오는 트로이 왕자 티토누스*Tithonus*에서 따왔다. 당시 오펠이 이 이름을 택한 이유는 티토누스절을 백악기의 첫 번째 시대라고 생각했기 때문이다. 오펠은 원래 티토누스절의 시작을 킴머리지절의 마지막 화석대인 *Aulacostephanus exodus*대의 상한에 두었다. 후에 오스

트리아 고생물학자 노이마이어는 *Aulacostephanus exodus*대 위에 새로운 화석대 *Hybonoticeras beckeri*대를 세우면서 이들이 모두 킴머리지절에 속하는 것으로 다루었다(Neumayr, 1873). 그래서 '티토누스절'이라는 용어는 한동안 유럽에서 거의 사용되지 않았다.

티토누스절이 쥐라기의 마지막 지질시대로 자리매김한 것은 1990년 국제층서위원회의 결정에 따른 것이다. 티토누스절의 황금못은 아직 정해지지 않았는데, 티토누스절의 시작을 암모나이트 *Hybonoticeras hybonotum* 화석대의 바닥에 두려는 움직임이 있다. 현재 티토누스절의 황금못 후보지역으로 프랑스, 독일, 영국 등이 경쟁하고 있다. 잠정적으로 정해진 티토누스절은 약 1억 4924만 년 전에서 약 1억 4310만 년 전까지의 기간이다.

요약

쥐라기는 중생대의 두 번째 지질시대로 2억 136만 년 전에서 약 1억 4310만 년 전 사이의 기간이다. 쥐라기의 황금못은 오스트리아 서부에 위치한 카르벤델산맥의 쿠요흐 단면에서 암모나이트 화석 *Psiloceras spelae tirolicum*이 첫 출현하는 층준으로 정해졌다. 쥐라기는 전기 세, 중기 세, 후기 세로 나뉘며, 전기 세는 에탕주절, 시네무룸절, 플린스바흐절, 토아르시움절, 중기 세는 알렌절, 바조카에절, 바토니움절, 칼로비움절, 그리고 후기 세는 옥스퍼드절, 킴머리지절, 티토누스절로 세분되었다.

참고문헌

Bloos, G. and Page, K.N., 2002, "Global Stratotype Section and Point for base of the Sinemurian Stage (Lower Jurassic)," *Episodes*, 25, 22-28.

Buch, L. von, 1839, *Über den Jura in Deutschland*, Die Königlich Preuβische Akademie der Wissenschaften, Berlin, 87.

Callomon, J.H. and Dietl, G., 2000, "On the proposed basal boundary stratotype (GSSP) of the Middle Jurassic Callovian Stage," In: Hall, R.L. and Smith, P.L. (eds.), *Advances in Jurassic Research 2000. GeoResearch Forum*, 6, 41-54, Trans Tech Publications.

Cresta, S., Goy, A., Ureta, S., Arias, C., Barrón, E., Bernad, J., Canales, M.L., Garcia-Joral, F., Garcia-Romero, E., Gialanella, P.R., Gómez, J.J., González, J.A., Herrero, C., Martinez, G., Osete, M.L., Perilli, N., and Villalain, J.J., 2001, "The Global Boundary Stratotype Section and Point (GSSP) of the Toarcian-Aalenian Boundary (Lower-Middle Jurassic)," *Episodes*, 24, 166-175.

Fernández-López, S.R., Pavia, G., Erba, E., Guiomar, M., Henriques, M.H., Lanza, R., Mangold, C., Morton, N., Olivero, D., and Tiraboschi, D., 2009, "The Global Boundary Stratotype Section and Point (GSSP) for base of the Bathonian Stage (Middle Jurassic), Ravin du Bès Section, SE France," *Episodes*, 32, 222-248.

Hillebrandt, A., Krystyn, L., Kürschner, W.M., Bonis, N.R., Ruhl, M., Richoz, S., Schobben, M.A.N., Urlichs, M., Bown, P.R., Kment, K., McRoberts, C.A., Simms, M., and Tomãýsovych, A., 2013, "The Global Stratotype Section and Point (GSSP) for the base of the Jurassic System at Kuhjoch (Karwendel Mountains, Northern Calcareous Alps, Tyrol, Austria)," *Episodes*, 36, 162-198.

Humboldt, A. von, 1799, *Über die unterirdischen Gasarten und die Mittel ihren Nachtheil zu vermindern*, Ein Beitrag zur Physik der praktischen Bergbaukunde, Braunschweig, Wiewag, 384.

Meister, C., Aberhan, M., Blau, J., Dommergues, J.-L., Feist-Burkhardt, S., Hailwood, E.A., Hart, M., Hesselbo, S.P., Hounslow, M., Hylton, M., Morton, N., Page, K., and Price, G.D., 2006, "The Global Boundary Stratotype Section and Point (GSSP) for the base of the Pliensbachian Stage (Lower Jurassic), Wine Haven, Yorkshire, UK," *Episodes*, 29, 93-106.

Neumayr, M., 1873, "Die Fauna des Schichten mit Aspidoceras acanthocum. Abhandlungen der Kais.-Konigl," *Geologischen Reichsanstalt*, 5, 141-257.

Oppel, C.A., 1856-1858, "Die Juraformation Englands, Frankreichs und des Südwestlichen Deutschlands," *Württemberger Naturforschende Jahreshefte*, 12-14, 857.

Oppel, C.A., 1865, "Die Tithonische Etage," *Zeitschrift der Deutschen Geologischen Gesellschaft*, Jahrgang, 17, 535-558.

Pavia, G. and Enay, R., 1996, "Definition of the Aalenian-Bajocian boundary," *Episodes*, 20, 16-22.

Renevier, E., 1864, "Notices géologique et paléontologiques sur les Alpes contorta (Et. Rhaetian) des Alpes Vaudoises," *Bulletin de la Société vaudoise des sciences naturelles*, 8, 39-97.

Rocha, R.B., Mattioli, E., Duarte, L.V., Pittet, B., Elmi, S., Mouterde, R., Cabral, M.C., Camas-Renggifo, M.J., Gómez, J.J., Goy, A., Hesselbo, S.P., Jenkyns, H.C., Littler, K., Mailliot, S., Oliveira, L.C.V., Osete, M.L., Perilli, N., Pinto, S., Ruget, C., and Suan, G., 2016, "Base of the Toarcian Stage of the Lower Jurassic defined by the Global Boundary Stratotype Section and Point (GSSP) at the Peniche section (Portugal)," *Episodes*, 39, 460-481.

Wierzbowski, A., Coe, A.L., Hounslow, M.W., Matyja, B.A., Ogg, J.G., Page, K.N., Wierzbowski, H., and Wright, J.K., 2006, "A potential stratotype for the Oxfordian/Kimmeridgian boundary: Staffin Bay, Isle of Skye, UK," *Volumina Jurassica*, 4, 17-33.

제12장

백악기 Cretaceous

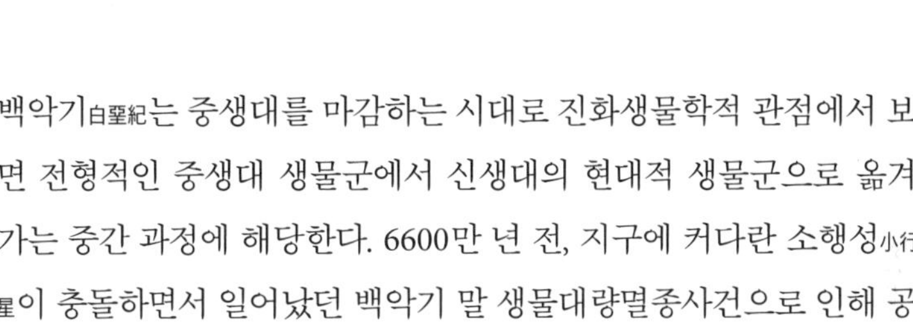

백악기白堊紀는 중생대를 마감하는 시대로 진화생물학적 관점에서 보면 전형적인 중생대 생물군에서 신생대의 현대적 생물군으로 옮겨가는 중간 과정에 해당한다. 6600만 년 전, 지구에 커다란 소행성小行星이 충돌하면서 일어났던 백악기 말 생물대량멸종사건으로 인해 공룡과 암모나이트는 지구에서 완전히 사라졌고, 이 재앙으로부터 살아남은 포유류와 속씨식물이 신생대에 들어서면서 크게 번성했다.

중생대에 번성했던 식물은 대부분 소철, 은행, 구과류毬果類(솔방울 형태의 열매를 가지는 종류로 소나무가 대표적인 예) 등 겉씨식물이었기 때문에 당시 수풀은 지금의 수풀에 비하면 무척 단조로웠다. 이처럼 단조로웠던 중생대 육상식물계에 일어났던 큰 변혁變革은 속씨식물의 등장이었다. 전기 백악기(약 1억 2000만 년 전)에 출현한 속씨식물은 이후 빠르게 번성해 신생대의 육상식물계를 지배하게 된다. 속씨식물은 우리 주변에서 흔히 볼 수 있는 꽃을 피우는 식물로 현재 학계에 보고된 종류만 해도 25만 종이 넘는다.

백악기 말의 생물대량멸종사건은 페름기 말의 생물대량멸종사건에 이어 두 번째로 규모가 컸던 멸종사건으로 종 수준에서 75퍼센트의 생물이 사라졌다. 백악기 말의 생물대량멸종사건은 공룡이 멸종했기 때문에 유명하지만, 이 사건이 더욱 유명해진 것은 멸종 원인으로 제안된 '소행성 충돌설Asteroid Impact Theory' 때문이기도 하다. 1980년에 제안된 소행성 충돌설은 6600만 년 전에 지름 약 10킬로미터의 소행성이 지구에 충돌하면서 일어났던 환경 변화 때문에 공룡과 암모나이트를 비롯한 중생대의 대표적 생물들이 멸종했다는 가설이다(Alvarez et al., 1980).

판구조론의 관점에서 보면, 고생대 말과 중생대 초에 하나의 대륙을 이루고 있던 판게아 초대륙이 쥐라기 중엽에 본격적으로 갈라지기 시작해 백악기에 이르렀을 때는 여러 개의 작은 대륙으로 나뉘었다. 특히, 오랫동안 한 덩어리를 이루고 있었던 남반구의 곤드와나 대륙이 갈라지기 시작한 것은 백악기 중반에 이르렀을 때였다. 약 1억 3000만 년 전에 남아메리카·아프리카 대륙과 인도·오스트레일리아·남극대륙 사이가 분리되면서 인도양이 탄생했고, 약 1억 년 전에는 남아메리카 대륙과 아프리카 대륙 사이가 갈라지면서 남대서양이 생겨났다. 이후 대서양과 인도양의 확장은 신생대로 이어져 지금까지 지속되고 있다.

1. 백악기의 유래

영국과 유럽 대륙 사이에 있는 도버Dover해협을 따라가다 보면 깎아지른 듯이 서 있는 하얀색 절벽이 돋보인다(그림 2). 이 하얀색 절벽을 이루고 있는 암석은 대부분 백악층白堊層, chalk bed으로 석회질 골격을 가지는 생물(주로 식물성 플랑크톤인 인편모조류鱗鞭毛藻類, coccolithophores)의 유해가 쌓여 만들어진 석회암이다. 이 백악층은 도버해협뿐만 아니라 유럽 곳곳에 분포한다.

그림 2. 도버해협의 백악층으로 이루어진 절벽
출처: Wikimedia Commons(https://commons.wikimedia.org/wiki/File:White_Cliffs_of_Dover_02.JPG)

백악chalk의 라틴어 표기가 '*creta*'인데, 암석에 '백악'이라는 용어를 처음 사용한 사람은 벨기에 출신 지질학자 도말리우스 달로이로 1822년 파리분지와 유럽 곳곳에 분포하는 백악층에 'Terrain Crétacé'라는 이름을 붙였다. 이때부터 백악기Cretaceous라는 용어가 문헌에 자주 사용되었으며, 영국에서는 백악기 지층을 두 부분으로 나누어 사암과 이암으로 이루어진 하부와 주로 백악으로 이루어진 상부로 구분했고, 이러한 시대 구분은 지금까지 이어지고 있다.

2. 백악기의 시작

백악기는 현재 '기紀'에 해당하는 지질시대 중에서 황금못이 정해지지 않은 유일한 시대다. 이처럼 백악기의 황금못을 정하지 못하고 있는 배경에는 쥐라기-백악기 경계 부근에서 생물군집의 변화 양상이 뚜렷하지 않고, 또 지역에 따라 생물상生物相이 크게 다르기 때문이다.

2020년 국제백악기층서위원회의 베리아절 연구회에서는 베리아절의 황금못—즉, 백악기의 황금못—을 선정했는데(Wimbledon et al., 2020), 황금못으로 프랑스 남부의 작은 마을 르 사이스Le Saix 부근의 트레 마루아Tre Maroua 단면에서 소속불명의 미화석 *Calpionella alpina*대의 바닥으로 제안했다. 하지만 이 제안에 대한 국제백악기층서위원회의 투표 결과는 부결否決이었다. 그래서 백악기의 황금못이 정해지기까지는 한동안 진통이 있을 것으로 예상된다.

3. 백악기의 시대 세분

백악기는 처음 제안되었을 때부터 크게 두 부분—하부의 사암과 셰일로 이루어진 구간과 상부의 백악층 구간—으로 구분되었다. 1840년 프랑스의 고생물학자 도르비니는 화석군집을 바탕으로 백악기를 네오코뮴절Neocomian, 압트절Aptian, 알바절Albian, 투로니아절Turonian, 세논절Senonian로 나누었다. 몇 년 후에 네오코뮴절과 압트절 사이에 우르공절Urgonian 그리고 알바절과 투로니아절 사이에 세노마눔절Cenomanian이 추가되었다.

1960년대 들어 네오코뮴절은 다시 3개의 절—베리아절Berriasian, 발랑장절Valanginian, 오트리브절Hauterivian—로 나뉘었다(Barbier and Thieuloy, 1965). 후에 우르공절은 바렘절Barremian로 이름이 바뀌었고, 세논절은 코냑절Coniacian, 산토눔절Santonian, 캄파니아절

표 15. 백악기의 지질시대 세분

기(Period)	세(Epoch)	절(Age)	기준이 된 표준화석/황금못의 위치 (황금못의 시작)
백악기 (Cretaceous)	후기 (Late)	마스트리히트 (Maastrichtian)	암모나이트 *Pachydiscus neubergicus*의 FAD/프랑스 Tercis les Bains (7217만 년 전)
		캄파니아 (Campanian)	고지자기 층서 C33r의 바닥/미확정 (8365만 년 전)
		산토늄 (Santonian)	이매패 *Platyceramus undulatoplicatus*의 FAD/스페인 Olazagutia (8570만 년 전)
		코냑 (Coniacian)	이매패 *Cremnoceramus deformis erectus*의 FAD/독일 Salzgitter-Salder (8939만 년 전)
		투로니아 (Turonian)	암모나이트 *Watinoceras devonense*의 FAD/미국 콜로라도주 Pueblo (9390만 년 전)
		세노마늄 (Cenomanian)	유공충 *Thalmanninella globotruncanoides*의 FAD/프랑스 Mont Risou (1억 50만 년 전)
	전기 (Early)	알바 (Albian)	유공충 *Microhedbergella renilaevis*의 FAD/프랑스 Col de Pré-Guittard 단면 (1억 1320만 년 전)
		압트 (Aptian)	고지자기층서 M0r의 바닥/미확정 (1억 2140만 년 전)
		바렘 (Barremian)	암모나이트 *Taveraidiscus hugii*의 FAD/미확정 (1억 2650만 년 전)
		오트리브 (Hauterivian)	암모나이트 *Acanthodiscus radiatus*의 FAD/프랑스 La Charce 단면 (1억 3260만 년 전)
		발랑장 (Valanginian)	*Calpionellites darderi*의 FAD/미확정 (1억 3770만 년 전)
		베리아 (Berriasian)	*Calpionella alpina*의 FAD/미확정 (1억 4310만 년 전)

Campanian, 마스트리히트절Maastrichtian로 세분되었다.

현재 백악기는 전기 세와 후기 세로 나뉘며, 이들은 각각 6개의 절로 이루어진다. 전기 세는 베리아절, 발랑장절, 오트리브절, 바렘절, 압트절, 알바절, 그리고 후기 세는 세노마눔절, 투로니아절, 코냑절, 산토눔절, 캄파니아절, 마스트리히트절로 나뉜다(표 15). 현재 황금못이 확정된 시대는 전기 세의 오트리브절(2020년)과 알바절(2017년), 후기 세와 세노마눔절(2002년), 투로니아절(2003년), 코냑절(2021년), 산토눔절(2013년), 마스트리히트절(2001년)이다(괄호 안은 공인받은 연도). 황금못이 정해지지 않은 시대는 전기 세와 베리아절, 발랑장절, 바렘절, 압트절, 캄파니아절이다.

1) 전기 세

백악기 전기 세Early Epoch는 6개의 절로 이루어지는데, 모든 절의 명칭은 19세기에 프랑스와 스위스에서 사용되었던 지층명에서 유래했다. 각 절은 특정한 암모나이트 화석의 첫 출현으로 정해졌는데, 프랑스 남부와 스위스 지역은 당시 따뜻한 바다였던 테티스해Tethys Sea의 가장자리에 속했다. 따라서 이곳에서 산출된 암모나이트 화석군집은 추운 기후대에 속했던 유럽 다른 지역에서의 암모나이트 화석군집과 대비하기 어려웠다. 현재 백악기의 황금못 그리고 백악기 내 여러 절節의 황금못이 정해지지 않은 이유다.

지질시대의 황금못은 특정한 화석이 첫 출현하는 층준에서 정해야 한다는 원칙이 있지만, 백악기의 경우는 황금못의 기준이 될 만한 화석을 찾기 어려웠기 때문에 화석 이외의 기준, 예를 들면 고지자기 층서 또는 지화학적 특성을 바탕으로 정하려는 움직임이 있다. 전기 세는 1억 4310만 년 전에서 1억 50만 년 전까지의 기간이다.

베리아절: 베리아절Berriasian Age이라는 용어는 1871년 프랑스 지질학자 코캉Henri Coquand(1813-1881)에 의해 처음 사용되었으며, 그 이름은 프랑스 남부 지방의 작은 마을 베리아Berrias 부근에 분포하는 석회암층에 붙여졌다. '베리아절'이라는 이름은 한동안 모호하게 사용되었는데, 그 이유는 쥐라기-백악기 경계 구간에서 뚜렷한 화석 군집의 변화를 찾을 수 없었기 때문이다.

베리아절 연구회에서는 오랜 논의 끝에 베리아절의 황금못—즉, 백악기의 황금못—을 선정했고, 2020년 황금못 제안서를 국제백악기층서위원회에 제출했다(Wimbledon et al., 2020). 이 제안서에서 베리아절의 황금못은 앞서 언급했듯이 프랑스 남부의 작은 마을 르 사이스 부근의 트레 마루아 단면에서 소속불명의 미화석 *Calpionella alpina*대의 바닥으로 정해졌다. 하지만 이 제안은 국제백악기층서위원회의 투표에서 부결되었기 때문에 새로운 황금못을 찾아야 할 것이다. 현재 국제층서위원회에서 제시한 베리아절의 지속기간은 약 1억 4310만 년 전에서 약 1억 3770만 년 전까지다.

발랑장절: 발랑장절Valanginian Age이라는 이름은 19세기 중엽에 스위스 뇌샤텔Neuchâtel주 발랑장Valangin 부근에 분포하는 지층에 붙여졌다(Rawson, 1983 참조). 발랑장절은 당시 '네오코뭄'절에 속했던 지층 중에서 오트리브절 아래에 있던 구간을 가리켰다.

발랑장절의 황금못은 아직 정해지지 않았지만, 암모나이트 *Thurmanniceras otopeta*대의 바닥에 두려는 움직임이 있었다. 최근에는 발랑장절의 시작을 Calpionellid Zone E의 바닥(즉, *Calpionellites darderi*의 첫 출현)에 두자는 주장이 등장했다. 하지만 발랑장절의 황금못을 정하기 위한 활동은 현재 큰 진척을 보이지 않고 있다. 발랑장절은 약 1억 3770만 년 전에서 1억 3260만 년 전까지의 기간으로 알려져 있다.

오트리브절: 오트리브절Hauterivian Age이라는 이름은 1874년 스위스 뇌샤텔주 오트리브Hauterive에서 따왔으며(Rawson, 1983 참조), 당시 오트리브절의 시작은 암모나이트 화석 *Acanthodiscus radiatus*의 첫 출현으로 알려졌다. 하지만 스위스에서 산출되는 암모나이트 화석군을 다른 지역과 대비하는 것이 어려웠기 때문에 새로운 기준을 찾기 위한 연구가 시도되었다.

오랜 연구 끝에 오트리브절의 황금못은 프랑스 남부 지방에 있는 라 샤르스La Charce 단면에서 189번 층의 바닥으로 정해졌고, 이 층준은 암모나이트 *Acanthodiscus radiatus*대의 바닥과 일치한다(Mutteriose et al., 2021). 오트리브절의 황금못은 2019년 국제지질과학연맹으로부터 승인되었다. 오트리브절은 1억 3260만 년 전에서 약 1억 2650만 년 전까지의 기간이다.

바렘절: 바렘절Barremian Age은 1861년 프랑스 남동부의 작은 마을 바렘Barrême에서 정해졌지만, 처음부터 그 개념이 명확하게 제시되지 않았다(Rawson, 1983). 현재까지도 바렘절의 황금못이 정해지지 않았는데, 바렘절 연구회에서는 황금못 후보지역으로 스페인 남부 카라바카Caravaca 부근의 리오 아그로스Rio Agros 단면에서 암모나이트

화석 *Taveraidiscus hugii*가 첫 출현하는 층준을 고려하고 있다. 바렘절은 약 1억 2650만 년 전에서 약 1억 2140만 년 전까지의 기간으로 알려져 있다.

압트절: 압트절Aptian Age은 1840년 도르비니에 의해 처음 사용되었으며, 그 이름은 프랑스 남동부의 작은 마을 압트Apt에서 유래했다. 당시 압트절의 개념이 명확하게 제시되지 않았는데, 그 이유는 바렘절과 압트절의 경계 구간에서 뚜렷한 화석군집의 변화가 보이지 않았기 때문이다. 그래서 압트절의 시작을 고지자기층서 M0r의 바닥에 두려는 움직임이 있다.

최근 압트절 연구회에서는 압트절의 황금못 후보지로 이탈리아 중부 고르고 아 체르바라Gorgo a Cerbara의 석회암 단면을 고려하면서 고지자기 층서대 M0r 부근의 특정한 화석 층준으로 정해야 한다는 주장을 제시했다(Frau et al., 2018). 압트절은 1억 2140만 년 전에서 1억 1320만 년 전까지의 기간이다.

알바절: 알바절Albian Age은 1843년 프랑스 북동부의 오브Aube 지방에서 유래했는데, 그 이름은 오브 지방의 라틴어 표기인 알바*Alba*에서 따왔다. 하지만 오브 지역에 대한 자세한 조사 결과, 그 지역이 알바절의 황금못 후보지로 적합하지 않음이 드러났다.

알바절 연구회에서는 알바절의 황금못을 프랑스 남동부 드로메Drôme주, 아르나용Arnayon의 콜 드 프레귀타르Cole de Pré-Guittard 단면에서 마른 블루층Marnes Bleues Formation의 바닥으로부터 위로 37.4미터 층준에서 부유성 유공충 *Microhedbergella renilaevis*의 첫 출현으로 정했고, 이 제안은 2016년 국제지질과학연맹으로부터 승인되었다(Kennedy et al., 2017). 알바절은 1억 1320만 년 전에서 1억 50만 년 전까지의 기간이다.

2) 후기 세

백악기 후기 세Late Epoch는 6개의 절—세노마눔, 투로니아, 코냑, 산토늄, 캄파니아, 마스트리히트—로 이루어지며, 절의 명칭은 모두 19세기에 프랑스와 네덜란드 지역에서 사용되었던 용어에서 유래했다. 후기 세는 1억 50만 년 전에서 6600만 년 전까지의 기간이다.

세노마눔절: 세노마눔절Cenomanian Age은 1847년 도르비니에 의해 제안되었고, 표식지는 프랑스 북부의 도시 르망Le Mans으로 이 도시가 로마시대에 세노마눔*Cenomanum*으로 불린 데서 시대명이 정해졌다. 당시 세노마눔절의 시작은 암모나이트 화석 *Mantelliceras*의 첫 출현으로 정해졌지만, 화석 산출은 드물었다.

세노마눔절의 황금못은 2002년 확정되었는데, 프랑스 남부의 작은 마을 로잔Rosans 부근 몽 리주Mont Risou에 분포하는 마른 블루층의 최상부로부터 밑으로 36미터 층준에서 부유성 유공충 *Thalmanninella globotruncanoides*의 첫 출현에 의해 정해졌다(Kennedy et al., 2004). 세노마눔절은 1억 50만 년 전에서 9390만 년 전까지의 기간이다.

투로니아절: 투로니아절Turonian Age은 1842년 도르비니에 의해

제안되었는데, 1847년에 이르러 하부의 세노마눔절과 상부의 투로니아절로 나뉘었다. 투로니아절은 표식지가 프랑스 중서부 투르Tours 또는 투렌Touraine 지방인데, 이곳이 로마시대에 투로니아*Turonia*로 불린 데서 그 이름이 정해졌다. 당시 투로니아절의 시작은 암모나이트 *Mammites nodosoides*의 첫 출현으로 알려졌다.

국제백악기층서위원회의 투로니아절 연구회에서는 투로니아절의 황금못을 미국 콜로라도주의 푸에블로Pueblo 부근에 분포하는 그린혼 석회암층Greenhorn Limestone의 브리지 크릭 석회암 멤버Bridge Creek Limestone Member 내 86번 층에서 암모나이트 *Watinoceras devonense*의 첫 출현으로 정했고, 2003년 국제지질과학연맹의 승인을 받았다(Kennedy et al., 2005). 투로니아절은 9390만 년 전에서 8939만 년 전까지의 기간이다.

코냑절: 코냑절Coniacian Age은 1857년 코캉에 의해 프랑스 코냑Cognac 지방에서 처음 사용되었는데, 그 시작은 암모나이트 *Forresteria* (*Harleites*) *petrocoriensis*의 첫 출현으로 알려졌다. 하지만 이 화석이 드물었기 때문에 황금못의 기준으로 적합하지 않았다. 한편 이매패二枚貝의 한 종류인 이노세라미드inoceramid가 넓은 지역에 걸쳐 산출되기 때문에 황금못의 기준으로 더 적절한 것으로 밝혀졌다.

이에 따라 코냑절의 황금못은 독일 중부의 잘트기터-잘더Saltgitter-Salder 채석장 단면의 46번 층에서 이매패 화석 *Cremnoceramus deformis erectus*가 첫 출현하는 층준으로 정해졌고(Walaszczyk et al., 2022), 2021년 국제지질과학연맹의 승인을 받았다. 코냑절은 8939만 년 전에서 8570만 년 전까지의 기간이다.

고지자기 층서(geomagnetic polarity time scale)

지구 자기장은 지구 내부로부터 외계까지 펼쳐진 자기장을 말한다. 고지자기 연구에 의하면 지구자기장이 현재와 반대방향으로 배열된 때도 있었다. 현재와 같은 자기장 배열시기를 정자극기(normal polarity chron)라고 하며, 반대방향으로 배열되었던 시기를 역자극기(reverse polarity chron)라고 부른다. 지구자기장의 방향이 바뀌는 것은 보통 수십만 년에서 수백만 년 주기로 일어났는데, 특이하게도 백악기 중간에는 오랫동안 정자극기가 지속되었던 기간(1억 2140만 년 전-8365만 년 전)이 있었다. 이를 백악기 정자극 극성기(Cretaceous normal superchron)라고 부른다.

고지자기학에서는 백악기 정자극 극성기를 기준으로 나누어 그 이전의 고지자기 층서에는 M-순차 층서를 쓰고, 그 이후에는 C-순차 층서를 쓴다. C-순차에서 C는 신생대(Cenozoic)를 의미하지만, 백악기 중반부터 지금까지의 기간을 아우른다. M-순차의 M은 중생대(Mesozoic)를 의미하며, 쥐라기 중반(약 1억 7000만 년 전)에서 전기 백악기에 이르는 기간을 포함한다. 예를 들면, C1n은 현재의 정자극기 그리고 C1r은 그 직전의 역자극기를 의미한다. 고지자기 층서대 C33r은 지금으로부터 과거로 거슬러 올라가 33번째에 해당하는 역자극기로 백악기 정자극 극성기가 끝난 직후의 시기다. 앞서 압트절에서 소개한 M0r은 백악기 정자극 극성기 직전의 역자극기를 의미한다.

산토눔절: 산토눔절Santonian Age은 1857년 코캉에 의해 제안되었으며, 프랑스 서부 생트Saintes에서 정해졌다. '산토눔'이라는 이름은 생트가 로마시대에 산토눔*Santonum*이라고 불린 데서 유래했다.

산토눔절의 황금못은 스페인 북부의 작은 도시 올라사구티아Olazagutia 부근의 채석장 '칸테라 드 마르가스Cantera de Margas'에서 이매패 화석 *Platyceramus undulatoplicatus*가 첫 출현하는 층준으로 정해졌고(Lamolda et al., 2014), 2013년 국제지질과학연맹의 인준을 받았다. 산토눔절은 8570만 년 전에서 8365만 년 전까지의 기간이다.

캄파니아절: 캄파니아절Campanian Age은 1857년 코캉에 의해 프랑스 서부의 오브떼르-쉬르-드론느Aubeterre-sur-Dronne 부근 그랑 샹파뉴Grande Champagne에서 명명되었다. '캄파니아절'이라는 시대명은 샹파뉴가 라틴어로 캄파니아*Campania*인 데서 정해졌다. 원래 캄파니아절의 시작은 암모나이트 *Placenticeras bidorsatum*의 첫 출현으로 알려졌지만, 이 화석이 드물게 산출되기 때문에 시대를 정하는 기준으로 적합하지 않았다. 게다가 그랑 샹파뉴에서 캄파니아절로 알려졌던 지층은 현재 대부분 마스트리히트절에 속하는 것으로 밝혀졌다.

현재 캄파니아절의 황금못을 정할 수 있는 적절한 표준화석이 없기 때문에 캄파니아절 연구회에서는 캄파니아절의 시작을 고지자기 층서대 C33r의 바닥에 두려는 움직임을 보이고 있다. 이와 함께 보조적으로 부유성 유공충이나 석회질 초미화석 자료를 고려하고 있다. 아직 황금못이 정해지지 않았지만, 이탈리아 중부 구비오Gubbio 부근 보타치온Bottaccione 단면을 황금못 후보로 정하기 위한 연구를 진행하고 있다. 캄파니아절은 8365만 년 전에서 7217만 년 전까지의 기간이다.

마스트리히트절: 마스트리히트절Maastrichtian Age은 1849년 벨기에의 지질학자 뒤몽André Hubert Dumont(1809-1857)에 의해 네덜란드 남부의 도시 마스트리히트Maastricht에 분포하는 암석에 처음 사용되었다. 하지만 그때 제시된 마스트리히트절의 개념이 명확하지 않았다.

나중에 새롭게 정립된 마스트리히트절의 개념은 벨렘나이트 화석에 의해 정해졌지만, 이 역시 다른 지역과 대비하기가 어려웠던 것으로 알려진다.

마스트리히트절 연구회에서는 오랜 논의를 바탕으로 황금못을 제안했는데, 특이하게도 특정한 화석을 바탕으로 정하지 않고 12개의 화석 산출 층준의 평균값을 채택했다. 이들이 제시한 12개의 화석 산출 층준은 암모나이트 3층준, 와편모충 3층준, 유공충 4층준, 이노세라미드 이매패 1층준, 석회질 초미화석 1층준이다. 그중에서 특히 중요하게 다룬 층준은 암모나이트 *Pachydiscus neubergicus*와 벨렘나이트 *Belemnella lanceolata*의 첫 출현이다. 마스트리히트절의 황금못은 프랑스 서남부의 작은 마을 테르시스 레뱅Tercis les Bains에 있는 옛 채석장에서 정해졌으며(Odin and Lamaurelle, 2001), 2001년 국제지질과학연맹의 인준을 받아 백악기의 절節 중에서 가장 먼저 황금못으로 확정되었다. 마스트리히트절은 7217만 년 전에서 6600만 년 전까지의 기간이다.

요약

백악기는 중생대의 마지막 지질시대로 약 1억 4310만 년 전에서 6600만 년 전 사이의 기간이다. 현재 '기(紀)'에 해당하는 지질시대 중에서 아직 황금못이 정해지지 않은 유일한 시대가 백악기다. 백악기는 전기 세와 후기 세로 나뉘며, 전기 세는 베리아절, 발랑장절, 오트리브절, 바렘절, 압트절, 알바절, 그리고 후기 세는 세노마눔절, 투로니아절, 코냑절, 산토눔절, 캄파니아절, 마스트리히트절로 이루어진다.

참고문헌

Alvarez, L.W., Alvarez, W., Asaro, F., and Michel, H.V., 1980, "Extraterrestrial cause for the Cretaceous-Tertiary extinction," *Science*, 208, 1095-1108.

Barbier, R. and Thieuloy, J.P., 1965, "Étage Valanginien," *Mémoires du Bureau de Recherches Géologiques et Minières*, 34, 79-84.

Frau, C., Bulot, L.G., Delanoy, G., Moreno-Bedmar, J.A., Masse, J.-P., Tendil, J.-B., and Lanteaume, C., 2018, "The Aptian GSSP candidate at Gorgo a Cerbara (central Italy): an alternative interpretation of the bio-, litho- and chemostratigraphic markers," *Newsletters on Stratigraphy*, 51, 311-326.

Kennedy, J.W., Gale, A.S., Lees, J.A., and Caron, M., 2004, "The Global Boundary Stratotype Section and Point (GSSP) for the base of the Cenomanian Stage, Mont Risou, Hates-Alpes, France," *Episodes*, 27, 21-32.

Kennedy, J.W., Walaszczyk, I., and Cobban, W.A., 2005, "The Global Boundary Stratotype Section and Point for the base of the Turonian Stage of the Cretaceous: Pueblo, Colorado, U.S.A.," *Episodes*, 28, 93-104.

Kennedy, J.W., Gale, A.S., Huber, B.T., Petrizzo, M.R., Bown, P., and Jenkyns, H.C., 2017, "The Global Boundary Stratotype Section and Point (GSSP) for the base of the Albian Stage, of the Cretaceous, the Col de Pré-Guittard section, Arnayon, Drôme, France," *Episodes*, 40, 177-188.

Lamolda, M.A., Paul, C.R.C., Peryt, D., and Pons, J.M., 2014, "The Global Boundary Stratotype Section and Point (GSSP) for the base of the Santonian Stage, "Cantera de Margas", Olazagutia, northern Spain," *Episodes*, 37, 2-13.

Mutteriose, J., Rawson, P.F., Reboulet, S., Baudin, F., Bulot, L., Emmanuel, L., Gardin, S., Martinez, M., and Renard, M., 2021, "The Global Boundary Stratotype Section and Point (GSSP) for the base of the Hauterivian Stage (Lower Cretaceous), La Charce, southeast France," *Episodes*, 44, 129-150.

Odin, G.S. and Lamaurelle, M.A., 2001, "The global Campanian-Maastrichtian stage boundary," *Episodes*, 24, 229-238.

Rawson, P.F., 1983, "The Valanginian to Aptian stages-current definitions and outstanding problems," *Zitteliana*, 10, 493-500.

Walaszczyk, I. et al., 2022, "The Global Boundary Stratotype Section and Point (GSSP) for the base of the Coniacian Stage (Salzgitter-Salder, Germany) and its auxiliary sections (Słupia Nadbrzeżna, central Poland; Střeleč, Czech Republic; and El Rosario, NE Mexico)," *Episodes*, 45, 181-220.

Wimbledon, W.A.P. et al., 2020, "The proposal of a GSSP for the Berriasian Stage (Cretaceous System): Part 1," *Volumina Jurassica*, 18, 53-106.

제13장

고진기Paleogene

고진기古進紀는 신생대의 첫 번째 지질시대로 생물계의 구성에 있어서 중생대와 뚜렷한 차이를 보여 준다. 중생대의 바다를 지배했던 암모나이트와 파충류들이 사라지고, 연체동물과 어류들이 번성하면서 고진기의 바다는 오늘날과 비슷한 모습이 되었다. 육상에서는 속씨식물이 빠르게 퍼져나갔고, 백악기 말 생물대량멸종사건에서 살아남은 포유류들이 중생대에 공룡들이 점유했던 영역을 차지하면서 번성하기 시작했다.

고진기에 지구의 기후는 전반적으로 따뜻했다. 특히 팔레오세와 에오세에는 북극권에도 악어가 살았을 정도로 무척 따뜻했다. 그러다가 에오세 말엽부터 지구의 기온이 갑자기 내려가기 시작했다. 이처럼 지구가 차가워진 것은 약 4000만 년 전 남극대륙과 오스트레일리아 대륙이 분리되면서 생겨난, 남극대륙 주위를 도는 남극순환해류Antarctic Circumpolar Current 때문이었다. 남극순환해류가 저위도 지방에서 올라오는 따뜻한 해류를 차단하면서 남극대륙은 거대한 냉장고처럼 되었고, 그 결과 남극대륙에 빙하가 생성될 수 있는 환경이 만들어졌다. 올리고세 초에 이르러 남극대륙에 빙하가 생성되었고, 그 이후 남극대륙의 빙하는 기후 변동에 따라 확장과 수축을 반복했다.

백악기 중반에 곤드와나 대륙으로부터 떨어져 나온 인도 대륙은 북쪽으로 계속 이동해 에오세 초(약 5000만 년 전)에 이르러 아시아 대륙과 충돌하기 시작했다. 이 충돌에 의해 두 대륙 사이에 있었던 테티스해Tethys Sea의 퇴적물이 밀려 올라가 히말라야산맥을 탄생시켰다. 이 무렵, 그린란드와 스칸디나비아 반도 사이가 분리되면서 북아메리카 대륙과 유럽 대륙을 갈라놓았고, 그 결과 북대서양과 북극해가 연결되었다. 태평양의 동쪽 가장자리에서는 해양판의 섭입이 활발해지면서 아메리카 대륙 서쪽 가장자리에 로키산맥과 안데스산맥과 같은 높은 산맥이 솟아올랐다.

1. 고진기의 유래

지질시대 중에서 고생대, 중생대, 신생대라는 용어가 등장한 때는 1840년이었으며, 영국의 지질학자 필립스John Phillips에 의해 제안되었다. 신생대新生代, Cenozoic에서 'Ceno-'는 '새롭다'는 뜻이고, '-zoic'은 '생물'을 뜻하니 신생대를 풀어쓰면 '새로운 생물의 시대'가 된다. 신생대는 원래 제3기와 제4기로 구분되었으며, 이러한 시대구분은 21세기 초까지도 이어졌다. 그런데 제3기는 지속기간이 6000만 년을 넘을 정도로 긴 반면에 제4기는 200만 년 남짓으로 짧았기 때문에 제3기와 제4기를 같은 등급의 지질시대로 다루는 것이 불합리하다는 의견이 등장했다.

21세기에 접어들어 국제층서위원회에서는 신생대를 고진기Paleogene와 신진기Neogene로 나누고, 고진기에 팔레오세, 에오세, 올리고세, 그리고 신진기에 마이오세, 플라이오세, 플라이스토세, 홀로세를 포함시킨 새로운 지질시대표를 발표했다(Gradstein et al., 2004). 이는 거의 2세기 동안 사용되었던 '제3기'와 '제4기'를 공식적인 지질시대표에서 제외한 사건이었다. 그러자 제4기를 전문적으로 연구하던 학자들이 반발했고, 이에 따라 2009년 제4기가 다시 살아나면서 신진기는 마이오세와 플라이오세 그리고 제4기는 플라이스토세와 홀로세를 아우르는 체계로 수정되었다. 한편으로는 신생대를 예전처럼 제3기와 제4기로 구분하자는 주장도 여전히 목소리를 내고 있다(Head et al., 2008). 이 책에서는 국제층서위원회의 결정을 따라 신생대를 고진기, 신진기, 제4기로 구분했다.

고진기라는 용어가 문헌에 처음 등장한 때는 1866년이었다. 하지만 고진기의 개념을 좀 더 잘 이해하기 위해서는 제3기와 관련된 19세기의 연구사를 들여다볼 필요가 있다. 앞서 소개했던 것처럼 제3기라는 용어는 1760년 이탈리아의 아르두이노에 의해 처음 사용되었다. 라이엘Charles Lyell(1797-1875)은 1833년 발간된 『지질학원론 *Principles of Geology*』에서 제3기를 '에오세Eocene', '마이오세Miocene', '고플라이오세Older Pliocene', '신플라이오세Newer Pliocene'로 나누었다.

라이엘은 제3기의 시대를 세분할 때 연체동물 화석의 산출 양상을 이용했는데, 어느 지층에서 산출되는 연체동물 화석 중 현생종現生種의 비율이 3퍼센트 미만인 경우에 에오세, 약 20퍼센트인 경우는 마이오세, 그리고 50퍼센트 이상인 경우는 플라이오세로 구분했다. 1839년에 라이엘은 '고플라이오세'를 플라이오세에 국한하고, '신플라이오세'에 플라이스토세Pleistocene라는 새로운 이름을 붙였다. 하지만 지층에서 산출되는 연체동물 화석의 상대적 비율을 알아내는 일이 쉽지 않았기 때문에 라이엘이 제안한 시대 구분을 실제 연구에서 적용하기는 어려웠다.

19세기 중엽, 유럽에서는 에오세를 두 부분으로 나누어 고古에오세와 신新에오세로 구분했는데, 독일의 지질학자 바이리히Heinrich Ernst von Beyrich(1815-1896)는 1854년 신에오세에 올리고세Oligocene라는 새로운 이름을 붙였다. 그로부터 10여 년이 흐른 1866년, 독일의 나우만Karl F. Naumann(1797-1873)은 에오세와 올리고세를 묶어 고진기Paleogen Stufe라는 명칭을 붙였다(Naumann, 1866). 나우만이 '고진기'라는 용어를 제안한 것은 그보다 앞서 마이오세, 플라이오세, 플라이스토세를 묶어 신진기Neogen Stufe라고 명명한 선행 연구(Hörnes, 1853)가 있었기 때문이다.

Paleogene의 어원은 '오래된old+기원origin'이고, Neogene의 어원은 '새로운new+기원origin'인데, 'gene'을 '진進'으로 음역音譯한다는 대한지질학회의 결정을 따라 Paleogene은 '고진기古進紀' 그리고 Neogene은 '신진기新進紀'로 번역했다. 참고로 'Paleogene'과 'Neogene'을 중국에서는 고근기古近紀와 신근기新近紀, 그리고 일본에서는 고제3기古第3紀와 신제3기新第3紀로 쓰고 있다. 고진기와 신진기가 모두 19세기에 제안되었음에도 불구하고 신생대를 제3기와 제4기로 나누었던 오랜 전통 때문에 그동안 고진기와 신진기라는 용어는 상대적으로 드물게 사용되었다.

2. 고진기의 시작

19세기까지만 해도 백악기의 마지막 지질시대는 다니아절(아래 참조)이었다. 그러다가 중생대-신생대의 경계는 공룡과 암모나이트 등 중생대의 특징적 화석이 사라진 층준 위에 두어야 한다는 견해가 등장하면서 중생대의 마지막 지질시대로 마스트리히트절이 적합하다는 경향으로 기울었다. 그럼에도 불구하고, 중생대-신생대 경계를 어디에 두어야 하는가—마스트리히트절의 끝 또는 다니아절의 끝—라는 논쟁은 20세기 중반까지 이어졌다. 그러다가 유공충을 비롯한 해양 미화석 연구에 의해 마스트리히트절이 끝날 무렵에 해양 플랑크톤들이 대량 멸종했다는 사실이 밝혀지면서 중생대-신생대의 경계는 마스트리히트절이 끝나는 층준에 두어야 한다는 주장에 힘이 실렸다. 이와 함께 1980년 마스트리히트절과 다니아절 경계 구간의 이암층에서 관찰된 이리듐 이상Iridium anomaly을 바탕으로 제안된 소행성 충돌설(Alvarez et al., 1980)과 백악기 말 생물대량멸종사건이 어우러지면서 백악기의 마지막 지질시대는 마스트리히트절로 확정되었다.

1982년 백악기-고진기 경계연구회가 백악기-고진기의 경계를 마스트리히트절과 다니아절 사이에 두기로 결정함에 따라 신생대의 시작—즉, 고진기의 시작—은 다니아절의 시작으로 확정되었다. 이 결정에 따라 여러 지역이 고진기의 황금못 후보로 떠올랐는데, 튀니지의 엘 케프El Kef, 스페인의 주마이아Zumaia, 미국의 브라조스Brazos, 덴마크의 스테운스 클린트Stevns Klint였다. 백악기-고진기 경계연구회는 1989년 네 지역 중에서 튀니지의 엘 케프를 고진기의 황금못으로 선정했고, 이 결정은 1991년 국제지질과학연맹으로부터 승인되었다. 현재 확정된 고진기의 황금못은 튀니지의 엘 케프 단면에서 소행성 충돌 후에 쌓였던 이암층의 바닥으로 정해졌다(Molina et al., 2006).

3. 고진기의 시대 세분

1989년 국제지질학총회에서 고진기를 3개의 세世와 9개의 절節로 나눈다는 제안이 통과되었다. 고진기는 팔레오세, 에오세, 올리고세로 나뉜다(표 16). 팔레오세는 다니아절, 셀란절, 타넷절, 에오세

표 16. 고진기의 지질시대 세분

기(Period)	세(Epoch)	절(Age)	기준이 된 표준화석 또는 사건/황금못의 위치 (황금못의 시작)
고진기 (Paleogene)	올리고 (Oligocene)	카티 (Chattian)	*Chiloguembelina cubensis*의 LCO/ 이탈리아 Monte Cagnero (2729만 년 전)
		루펠 (Rupelian)	*Hantkenina & Cribrohantkenina*의 LAD/ 이탈리아 Massignano (3390만 년 전)
	에오 (Eocene)	프리아보나 (Priabonian)	Acarininid의 멸종 & *Cribricentrum erbae*의 FAD/ 이탈리아 Alano (3771만 년 전)
		바턴 (Bartonian)	고지자기층서 C19n/C18r의 경계/미확정 (4103만 년 전)
		루테티아 (Lutetian)	*Blackites inflatus*의 FAD/ 스페인 Gorrondatxe (4807만 년 전)
		이퍼르 (Ypresian)	고지자기층서 C24r 내의 탄소동위원소 변동 & 팔레오세-에오세 최대온난기/ 이집트 Dabaviya (5600만 년 전)
	팔레오 (Paleocene)	타넷 (Thanetian)	고지자기 층서 C26n의 바닥/ 스페인 Zumaia (5924만 년 전)
		셀란 (Selandian)	석회질 초미화석 *Fasciculithus*의 번성/ 스페인 Zumaia (6166만 년 전)
		다니아 (Danian)	이리듐 이상/튀니지 El Kef (6600만 년 전)

※ 주: LAD(Last Appearance Datum, 마지막 출현); LCO(Last Common Occurrence, 마지막 대량 출현)

는 이퍼르절, 루테티아절, 바턴절, 프리아보나절, 그리고 올리고세는 루펠절과 카티절로 세분되었다. 현재 황금못이 확정된 시대는 팔레오세와 다니아절(1991년), 셀란절(2008년), 타넷절(2008년), 에오세와 이퍼르절(2003년), 루테티아절(2011년), 프리아보나절(2021년), 올리고세와 루펠절(1992년), 카티절(2016년)이다(괄호 안은 공인받은 연도). 아직 황금못이 정해지지 않은 시대는 바턴절이다.

1) 팔레오세

팔레오세Paleocene Epoch라는 용어는 1874년 독일의 고식물학자 쉼퍼Wilhelm P. Schimper(1808-1880)에 의해 제안되었다. 쉼퍼는 백악기와 에오세의 중간 단계를 보여 주는 식물화석이 산출되는 지층에 팔레오세라는 명칭을 붙였다. 팔레오세의 어원을 보통 'Paleo+cene'으로 생각하기 쉽지만, 쉼퍼는 '오랜 에오세'라는 의미로 'Pal+Eocene'을 합성해 팔레오세를 만들었다. 그런데 팔레오세라는 용어가 학계에서 곧바로 받아들여지지는 않았으며, 문헌에 등장하기 시작한 것은 용어가 제안되어 50여 년이 흐른 1920년대의 일이었다.

팔레오세는 3개의 절—다니아절, 셀란절, 타넷절—로 나뉜다. 팔레오세의 황금못은 다니아절의 황금못(아래 참조)과 같으며, 동시에 고진기와 신생대의 황금못이기도 하다. 팔레오세는 6600만 년 전에서 5600만 년 전에 이르는 약 1000만 년의 기간이다.

다니아절: 다니아절Danian Age은 1847년 독일의 지질학자 데조르Pierre J. Desor(1811-1882)가 처음 사용했다. 다니아*Dania*는 덴마크의 라틴어 표기다. 그는 덴마크의 셀란섬Sjælland에서 산출되는 성게 화석

연구를 바탕으로 '다니아절'이라는 용어를 제안했는데, 다니아절을 백악기의 마지막 지질시대로 생각했다. 그런데 앞서 기술한 것처럼, 중생대-신생대의 경계는 공룡과 암모나이트와 같은 중생대를 대표하는 생물이 사라진 층준에 두어야 한다는 주장이 받아들여짐에 따라 다니아절은 신생대의 첫 번째 지질시대가 되었다.

백악기-고진기 경계연구회에서 그 경계를 마스트리히트절과 다니아절 사이에 두기로 결정한 때는 1982년이며, 이후 다니아절의 황금못을 정하기 위한 본격적인 활동이 시작되었다. 1988년 황금못 후보로 네 지역 — 튀니지의 엘 케프, 스페인의 주마이아, 미국의 브라조스, 덴마크의 스테운스 클린트 — 이 선정되었고, 연구회 회원들을 대상으로 우편투표를 실시한 결과, 엘 케프 10표, 주마이아 6표, 브라조스 2표, 스테운스 클린트 2표로 튀니지의 엘 케프가 가장 많은 지지를 받았다. 1989년에는 엘 케프 지역을 대상으로 찬반투표가 이루어졌는데, 찬성 26표, 반대 8표, 기권 1표, 무응답 4표였다. 그리고 황금못 층준은 백악기-고진기 경계 부근의 이리듐Ir을 많이 포함하는 점토층 바닥에 두기로 했다. 이 점토층을 황금못의 기준으로 정한 배경에는 이 점토층이 소행성 충돌 후에 쌓였다는 해석(Alvarez et al., 1980)이 중요하게 작용했다. 이리듐을 많이 포함하는 점토층은 세계 곳곳의 백악기-고진기 경계 구간에서 보고되었으며, 따라서 이 점토층은 전 세계적으로 동시에 퇴적되었음을 알려 준다. 또한 소행성 충돌에 의해 공룡과 암모나이트 그리고 해양 플랑크톤들이 멸종했기 때문에 충돌 직후 쌓인 점토층은 새로운 시대의 시작을 알려 준다는 측면에서 의미가 있다.

백악기-고진기 경계연구회는 튀니지 엘 케프의 서쪽에 위치한 단면에 드러난 50센티미터 두께의 검은색 점토층 바닥을 다니아절(동시에 팔레오세, 고진기, 신생대)의 황금못으로 선정한다는 제안서를 제출해 1990년 국제층서위원회의 승인을 받았고, 1991년에 국제지질과학연맹으로부터 공인을 받았다(Molina et al., 2006).

모든 지질시대의 황금못은 특정한 화석이 처음 출현하는 층준에서 정해야 한다는 규정이 있음에도 불구하고, 다니아절의 황금못이 점토층의 바닥으로 정해졌다는 점은 매우 특별하다고 말할 수 있다. 소행성 충돌 후 쌓인 점토층이 특정한 화석의 첫 출현보다 더 정확한 동시성同時性을 알려 주기 때문이다. 한편 백악기-고진기 경계 구간에서 이루어진 화석 연구에 의하면, 이 경계를 기준으로 백악기의 특징적인 해양 플랑크톤(유공충, 와편모충 등)들이 멸종했고, 새로운 종류의 해양 플랑크톤들이 출현했기 때문에 백악기-고진기 경계를 찾는 데 도움을 주고 있다. 다니아절은 6600만 년 전에서 6166만 년 전까지의 기간이다.

셀란절: 셀란절Selandian Age은 1924년 덴마크의 셀란섬에서 다니아절에 속하는 석회암층 위에 놓이는 사암-이회암 구간에 처음 사용되었다. 셀란절이 명명되었던 덴마크에서 다니아절과 셀란절의 경계는 부유성 유공충 생층서 분대 P2/P3의 경계부에 해당하는 것으로 알려졌는데, 후에 이 지역에 대한 자세한 연구에 의해 이 경계 구간에 부정합이 있음이 밝혀졌다. 황금못은 부정합이 없는 구간에서 정해져야 하기 때문에 부정합이 없는 다른 지역에서 이루어진 고생물학적 연구에 의하면, 다니아절-셀란절 경계는 부유성 유공충 생층서 분대 P3의 중간 부근 또는 석회질 초미화석 분대 NP4/NP5

부유성 유공충 생층서 분대

부유성 유공충 생층서 분대(planktonic foraminiferal biozonation)는 1960년대에 영국 국영석유회사(British Petroleum)의 고생물학자들이 쓰기 시작한 방식으로, 전통적으로 알려졌던 유공충 생층서대에 문자와 숫자를 조합한 기호를 붙인 것이다. 이 방식은 원래 공동으로 연구하는 고생물학자들 사이에 빠른 의사소통을 위해서 고안되었지만, 실용적인 면에서 무척 편리했기 때문에 빠르게 전체 고생물학계로 퍼져나갔다. 시대 순서에 따라 하부로부터 고진기 생층서대는 P1-P22 그리고 신진기 생층서대는 N1-N23으로 구분되었다(Berggren, 1969 참조). 이러한 방식으로 생층서 연구가 진행되면서 부유성 유공충 생층서 분대는 더욱 정밀해졌고, 이에 따라 지금은 팔레오세는 'P', 에오세는 'E', 올리고세는 'O', 마이오세는 'M', 플라이오세는 'PL', 플라이스토세는 'PT'에 번호를 붙이는 체제로 바뀌었다(Wade et al., 2011).

석회질 초미화석 생층서 분대도 비슷한 체계를 도입해 고진기에 'NP' 그리고 신진기에는 'NN'으로 시작하는 번호를 붙였다.

경계 부근에 해당하는 것으로 밝혀졌다(Schmitz et al., 2011).

1993년 국제고진기층서위원회 내에 팔레오세 연구회가 결성되면서 팔레오세 내의 시대 구분을 위한 연구가 활발해졌다. 10여 년에 걸친 조사와 연구를 바탕으로 셀란절과 타넷절의 황금못 후보지역으로 스페인 북부 도시 주마이아Zumaia의 해안을 따라 드러난 단면이 선정되었다. 셀란절의 황금못은 주마이아 해안 단면에서 잇추룬Itzurun층의 바닥으로 정해졌으며, 이 경계 바로 밑에 석회질 초미화석인 *Fasciculithus*가 두 번째 번성하기 시작한 층준이 있는데, 이 고생물학적 특징이 셀란절의 황금못을 찾는 데 도움이 된다(Schmitz et al., 2011). 셀란절의 황금못은 2008년 국제지질과학연맹의 공인을 받았다. 셀란절은 6166만 년 전에서 5924만 년 전까지의 기간이다.

타넷절: 타넷절Thanetian Age은 1873년 영국 동남부 타넷Thanet 지방에 분포하는 타넷 사암Thanet Sands에 붙여졌던 이름이다. 타넷절의 황금못은 2008년 셀란절의 황금못과 함께 국제지질과학연맹으로부터 승인되었다(Schmitz et al., 2011).

타넷절의 황금못은 스페인 북부 도시 주마이아의 해안을 따라 드러난 단면에서 잇추룬층의 바닥—즉, 셀란절의 황금못—으로부터 위로 약 29미터 층준으로 정해졌다. 이 층준은 고지자기 층서대 C26n의 바닥에 해당한다. 타넷절의 황금못 층준에서는 화석군집에 있어 뚜렷한 변화가 인지되지 않았지만, 이 층준으로부터 아래로 2.8미터 층준에서 석회질 초미화석과 부유성 유공충 화석군의 내용이 크게 바뀌는 사건이 일어났다. 이 사건은 중기 팔레오세 생물변혁사건Mid-Paleocene Biotic Event이라고 불린다. 타넷절은 5924만 년 전에서 5600만 년 전 사이의 기간이다.

2) 에오세

'에오세Eocene Epoch'라는 용어를 처음 썼던 사람은 영국의 지질학자 라이엘로 『지질학원론』(1833)에서 제3기를 에오세, 마이오세, 플라이오세로 구분했다. 에오세는 지층에서 산출되는 연체동물 화석 중에서 현생종의 비율이 3퍼센트 미만인 경우에 쓰였다. 에오세는 Eo-와 -cene을 합성한 용어로 'Eo-'는 '새벽' 그리고 '-cene'은 '새로운'이라는 뜻이며, 새로운 생물들이 출현하기 시작했음을 의미한다.

앞서 언급했듯이 19세기 중엽, 유럽에서는 에오세를 두 부분으로 나누어 고古에오세와 신新에오세로 쓰기 시작했고, 1854년에 독일의 바이리히가 신에오세 구간에 올리고세라는 명칭을 부여함으로써 에오세는 고에오세 구간으로 국한되었다. 그리고 1874년에 백악기와 에오세 사이에 팔레오세라는 새로운 시대가 추가되었다.

그런데 팔레오세-에오세의 경계를 구분하는 일이 쉽지 않았다. 왜냐하면, 당시 팔레오세와 에오세를 구분하는 기준이 명확하게 제시되지 않았기 때문이다. 이 문제를 해결하기 위해서 1989년 팔레오세-에오세 경계연구회가 발족되었고, 이어서 팔레오세와 에오세 경계 — 즉, 에오세의 황금못 — 를 정하기 위한 활동이 시작되었다. 고지자기 층서, 생층서, 지화학적 지표 등 다양한 자료들이 황금못을 정하기 위한 기준으로 고려되었다.

팔레오세-에오세 경계연구회에서는 10여 년에 걸친 조사와 논의를 바탕으로 에오세의 황금못을 고지자기 층서대 C24r의 가운데에서 일어났던 탄소동위원소 변동CIE, Carbon Isotope Excursion 층준으로 정했는데, 이 층준에서 탄소동위원소비$\delta^{13}C$가 갑자기 2.5-4퍼밀‰ 감소한 현상이 일어났기 때문이다. 이 탄소동위원소 변동은 전 지구적으로 탄소 순환에 교란이 일어났음을 의미하며, 이 시기는 팔레오세-에오세 최대온난기PETM, Paleocene-Eocene Thermal Maximum와도 거의 일치한다. 팔레오세-에오세 최대온난기에 지구의 평균 기온이 5-8℃ 올라간 것으로 보고되었는데, 이는 탄소동위원소비 변동과 팔레오세-에오세 최대온난기가 관련이 있음을 의미한다. 지질시대의 황금못을 정하는 기준으로 동위원소 변동사건이 채택된 것은 에오세의 경우가 처음이었다.

팔레오세-에오세 경계연구회에서는 에오세 황금못의 후보로 이집트 룩소르Luxor에서 남쪽으로 23킬로미터 떨어져 있는 나일강 변에 위치한 다바비야Dababiya 채석장을 선정했다. 이 채석장에서 에오세의 황금못은 이스나층Isna Formation의 다바비야 쿼리 멤버Dababiya Quarry Member의 1번 층 바닥으로 정해졌다. 에오세의 황금못에 대한 제안서는 2003년 국제고진기층서위원회와 국제층서위원회에서 받아들여졌고, 2004년 국제지질과학연맹의 승인을 받았다(Aubry et al., 2007). 에오세는 4개의 절 ― 이퍼르, 루테티아, 바턴, 프리아보나 ― 로 이루어지며, 5600만 년 전에서 3390만 년 전 사이의 기간이다.

이퍼르절: 이퍼르절Ypresian Age은 벨기에의 지질학자 뒤몽André Hubert Dumont에 의해 명명되었으며, 1849년 벨기에 서부의 작은 도시 이퍼르Ypres에 드러난 에오세 지층에 붙여진 이름이다. 이퍼르절은 1989년 미국 워싱턴에서 열린 국제지질학총회에서 에오세의 첫 번째 절로 정해졌으며, 따라서 이퍼르절의 황금못은 이집트 룩소르 지역에서 정해진 에오세의 황금못과 같다(Aubry et al., 2007). 이퍼르절은 5600만 년 전에서 4807만 년 전까지의 기간이다.

루테티아절: 루테티아절Lutetian Age은 1883년 프랑스의 지질학자 라파랑Albert de Lapparent(1839-1908)에 의해 프랑스 파리분지에 분포하는 석회암층에 붙여진 이름이다(Lapparent, 1883). '루테티아'라는 이름은 파리Paris가 라틴어로 '루테티아*Lutetia*'로 불린 데서 유래한다. 그런데 루테티아절이 제안되었을 당시 표식지를 지정하지 않았기

때문에 1981년 파리에서 북쪽으로 50킬로미터 떨어진 지역에 새로운 표식지를 선정했다(Blondeau, 1981).

이퍼르절-루테티아절 경계연구회가 발족된 때는 1992년이었는데, 연구회에서는 루테티아절의 황금못을 파리분지 밖에서 찾기로 결정했다. 왜냐하면, 파리분지에서는 이퍼르절-루테티아절 경계 구간에서 퇴적물이 쌓이지 않았던 기간이 있었다는 사실이 밝혀졌기 때문이다. 그 후 거의 20년에 걸친 조사와 연구를 바탕으로 이퍼르절-루테티아절 경계연구회는 벨기에의 이퍼르절 최상부와 파리분지의 루테티아절 최하부 사이 구간에서 루테티아절의 황금못을 정한다는 원칙을 정했다. 하지만 대부분의 이퍼르절-루테티아절 경계 구간에 부정합이 존재했기 때문에 루테티아절의 황금못을 정하는 일이 쉽지 않았다.

이퍼르절-루테티아절 경계연구회는 오랜 논의 끝에 2009년 루테티아절의 황금못으로 스페인 북부 빌바오Bilbao시 북서쪽 해안을 따라 드러난 고론다체Gorrondatxe 해변 단면의 167.85미터 층준을 선정했으며, 기준이 된 고생물학적 사건은 석회질 초미화석 *Blackites inflatus*의 첫 출현이었다(Molina et al., 2011). 이 제안은 2011년 국제지질과학연맹으로부터 승인되었다. 루테티아절은 4807만 년 전에서 4103만 년 전까지의 기간이다.

바턴절: 바턴절Bartonian Age이라는 용어는 1858년 영국 남부의 햄프셔 분지Hampshire Basin에 분포하는 바턴층Barton Beds에서 유래했다(Mayer-Eymar, 1858). 19세기 후반 바턴절의 시작은 대형 유공충인 화폐석 *Nummulites prestwichianus*가 첫 출현하는 층준으로 알려졌다.

최근에는 바턴절의 시작을 석회질 초미화석 *Reticulofenestra reticulata*가 처음 출현하는 층준 부근 또는 고지자기 층서대 C19n/C18r의 경계에 설정하자는 의견이 제기되었다. 바턴절의 황금못은 아직 정해지지 않았는데, 황금못의 후보로 이탈리아 구비오Gubbio 부근의 콘테사Contessa 고속도로 단면이 주목을 받고 있다. 현재 잠정적으로 정해진 바턴절의 지속기간은 4103만 년 전에서 3771만년까지다.

프리아보나절: 프리아보나절Priabonian Age은 1893년 이탈리아 북부 베네토Veneto주의 작은 마을 프리아보나Priabona 부근에 드러난 지층에 처음 사용되었다(Munier-Chalmas and de Lapparent, 1894). 그런데 프리아보나 단면이 공식적인 표식지로 지정된 것은 1968년의 일이었다(Hardenbohl, 1968). 당시 프리아보나절의 시작을 인지하는 데 중요했던 기준은 얕은 바다에서 쌓인 퇴적층의 경우 화폐석 *Nummulites fabianii*의 첫 출현이었고, 깊은 바다에서 쌓인 퇴적층의 경우는 부유성 유공충 생층서 분대 E14 또는 석회질 초미화석 생층서 분대 NP18이었다. 그러나 프리아보나 단면에서 퇴적작용이 중단된 구간이 있다는 사실이 알려지면서 황금못으로 적합하지 않음이 드러났다.

최근 오랜 연구를 바탕으로 프리아보나절의 황금못으로 프리아보나로부터 북동쪽으로 약 50킬로미터 떨어져 있는 알라노Alano 단면을 선정했고(Agnini et al., 2021), 2020년 국제층서위원회와 국제지질과학연맹의 인준을 받았다. 프리아보나절의 황금못은 알라노 단면의 바닥에서 위로 63.57미터 층준에 드러난 응회암층(티치아노층

Tiziano bed으로 불림)으로 정해졌다. 이 층준에서 관찰된 고생물학적 특징으로 부유성 유공충 acarininid와 *Morozovelloides*의 멸종, 석회질 초미화석 *Cribricentrum erbae*의 출현, *Chiasmolithus grandis*의 멸종을 들 수 있다. 고지자기 층서로는 C17n.2n의 바닥에 가깝다. 현재 정해진 프리아보나절은 3771만 년 전에서 3390만 년 사이의 기간이다.

3) 올리고세

라이엘이 『지질학원론』에서 제3기를 에오세, 마이오세, 플라이오세로 구분했을 때, 올리고세라는 용어는 없었다. 그런데 19세기 중엽 유럽 학자들이 제3기층의 일부에 '상부 에오세upper Eocene'라는 용어를 쓰기 시작했다. 그 이유는 유럽 대륙에서 산출되는 화석 중에 영국의 에오세 지층보다 현생종에 가까운 화석이 많았고, 마이오세 지층보다는 적었기 때문이다. 이 시기에 해당하는 지층이 영국에는 분포하지 않았기 때문에 영국 학자들은 유럽 학자들이 '상부 에오세' 라고 부르는 지층을 '고마이오세older Miocene'라고 부르기도 했다.

이와 같은 용어의 혼란을 피하기 위해 19세기 중엽 독일의 고생물학자 바이리히는 '상부 에오세'에 올리고세Oligocene라는 명칭을 붙였다(Beyrich, 1854). 올리고세의 'oligo-'는 '적다' 또는 '드물다'는 뜻이며, '-cene'은 '최근' 또는 '새롭다'는 뜻으로 현생종에 속하는 화석들이 드물게 산출된다는 사실을 반영한 용어다. 바이리히는 올리고세를 다시 3부분으로 나누었는데, 전기 올리고세는 라트도르프절Latdorfian, 중기 올리고세는 루펠절Rupelian, 후기 올리고세는 카티절Chattian로 명명되었다. 이후 바이리히가 명명한 올리고세의 시대 구분은 유럽에서 널리 쓰였다. 그런데 1970년대에 이루어진 자세한 연구에 의해 라트도르프절이 중기 에오세에서 초기 올리고세에 걸친다는 사실이 밝혀지면서 올리고세를 루펠절과 카티절로 나눈 제안(Hardenbol and Berggren, 1978)이 받아들여져 현재에 이르렀다.

1980년대에 들어서서 에오세-올리고세 경계연구회가 결성되었고, 오랜 조사와 논의를 바탕으로 1989년 이탈리아 중동부의 앙코나Ancona시에서 남동쪽으로 약 10킬로미터 떨어진 작은 마을 마시나노Massignano의 옛 채석장에 있는 단면에서 올리고세의 황금못 후보를 찾아냈다(Premoli Silva and Jenkins, 1993). 올리고세 황금못에 대한 제안서는 1992년 국제층서위원회와 국제지질과학연맹으로부터 받아들여졌다. 마시나노 단면은 두께 23미터로 에오세 상부에서 올리고세 하부 구간이 잘 드러나 있다. 올리고세의 황금못은 마시나노 단면 하부로부터 위로 19미터 층준에 있는 0.5미터 두께의 녹회색 이회암층의 바닥으로 정해졌다. 이 층준은 부유성 유공충 생층서대 E16과 O1의 경계에 해당하며, 중요한 고생물학적 사건으로 부유성 유공충 Hantkeninidae의 멸종을 들 수 있다. 올리고세는 3390만 년 전에서 2304만 년 전 사이의 기간이다.

루펠절: 루펠절Rupelian Age은 1849년 벨기에의 지질학자 뒤몽에 의해서 명명되었는데, 벨기에의 루펠Rupel 강변을 따라 드러난 점토층(Boom Clay로 불림)에 붙여진 이름이다. 루펠절은 올리고세의 첫 번째 절로 루펠절의 황금못은 위에 소개한 올리고세의 황금못과 같다(Premoli Silva and Jenkins, 1993). 루펠절은 3390만 년 전에서 2729만 년 전까지의 기간이다.

카티절: 카티절Chattian Age은 1894년 오스트리아의 지질학자 푹스Theodor Fuchs(1842-1925)에 의해 독일 중북부에 분포한 상부 올리고세 구간에 해당하는 지층에 명명되었다. '카티'라는 이름은 기원전 현재의 독일 지방에 살았던 종족 카티Chatti에서 따왔다. 카티절의 원래 표식지는 독일 북부 지역이었지만, 그곳에서 화석 산출이 드물었기 때문에 카티절의 황금못을 찾기는 어려웠다.

올리고세층서위원회에서는 카티절의 황금못을 정하기 위한 연구를 수행해 이탈리아 중동부 지역에 있는 3곳을 황금못의 후보지역으로 선정했다. 그곳은 구비오Gubbio 부근의 콘테사 바르베티 도로Contessa Barbetti Road 단면, 피오비코Piobbico 부근의 피에브 다시넬리Pieve d'Accinelli 단면, 우르바니아Urbania 부근의 몬테 카그네로Monte Cagnero 단면이었다. 이 중에서 몬테 카그네로Monte Cagnero 단면이 카티절 황금못의 최종 후보로 선정되었다.

카티절의 황금못은 이탈리아 우르바니아의 몬테 카그네로 단면의 197미터 층준으로 부유성 유공충 생층서대 O5의 바닥에 해당하며, 부유성 유공충 *Chiloguembelina cubensis*가 풍부하게 산출된다(Coccioni et al., 2018). 카티절의 황금못은 2016년 국제층서위원회와 국제지질과학연맹으로부터 인준을 받았다. 카티절은 2729만 년 전에서 2304만 년 전까지의 기간이다.

요약

고진기는 신생대의 첫 번째 지질시대로 6600만 년 전에서 2304만 년 전 사이의 기간이다. 고진기의 황금못은 튀니지의 엘 케프 단면에서 소행성 충돌 후 쌓였던 이암층의 바닥으로 정해졌다. 아울러 이암층 경계부에서 부유성 플랑크톤의 대량멸종도 관찰되었다. 고진기는 팔레오세, 에오세, 올리고세로 나뉜다. 팔레오세는 다니아절, 셀란절, 타넷절, 에오세는 이퍼르절, 루테티아절, 바턴절, 프리아보나절, 그리고 올리고세는 루펠절과 카티절로 이루어진다.

참고문헌

Agnini, C. et al., 2021, "Proposal for the Global Boundary Stratotype Section and Point (GSSP) for the Priabonian Stage (Eocene) at the Alano section (Italy)," *Episodes*, 44, 151-173.

Alvarez, L.W., Alvarez, W., Asaro, F., and Michel, H.V., 1980, "Extraterrestrial cause for the Cretaceous-Tertiary extinction," *Science*, 208, 1095-1108.

Aubry, M.-P., Ouda, K., Dupuis, C., Berggren, W.A., Van Couvering, J.A., and the Members of the Working Group on the Paleocene/Eocene Boundary, 2007, "The Global Standard Stratotype-Section and Point (GSSP) for the base of the Eocene Series in the Dababiya section (Egypt)," *Episodes*, 30, 271-286.

Berggren, W.A., 1969, "Cenozoic chronostratigraphy, planktonic foraminiferal zonation and the radiometric time scale," *Nature*, 224, 1072-1075.

Beyrich, E., 1854, "Über die Stellung der Hessischen Tertiärbildungen," Berichte der Verhandlungen der Königlichen Preuβischen Akademie der Wissenschaften zu Berlin, 640-666.

Blondeau, A., 1981, "Luterian," In: Pomerol, C. (ed.), *Stratotypes of Paleogene Stages. Bulletin d'Information des Géologues du Bassin de Paris*, Memoire hors serie 2, 167-180.

Coccioni, R. et al., 2018, "The Global Standard Stratotype Section and Point (GSSP) for the base of the Chattian Stage (Paleogene System, Oligocene Series) at Monte Cagnero, Italy," *Episodes*, 41, 17-32.

Gradstein, F.M., Ogg, J.G., and Smith, A., 2004, *A Geologic Time Scale 2004*, Cambridge University Press.

Hardenbol, J., 1968, "The "Priabonian" type section (a preliminary note)," *Mémoires du Bureau des Recherches Géologiques et Minières*, 58, 629-635.

Hardenbol, J. and Berggren, W.A., 1978, "A new Paleogene numerical time scale,"

In: Cohee, G.V., Glaessner, M.F., and Hedberg, H.D. (eds.), *Contributions to the Geologic Time Scale*, American Association of Petroleum Geologists, Studies in Geology, 6, 213-234.

Head, M.J., Gibbard, P., and Salvador, A., 2008, "The Tertiary: a proposal for its formal definition," *Episodes*, 31, 248-250.

Hörnes, M., 1853, "Mittellung an Prof. Bronn Gerichtet: Wien, 3. Okt., 1853," *Neues Jahrbuch für Mineralogie, Geognosie, Geologie und Petrefaktenkunde*, Jahrgang 1853, 806-810.

Lapparent, A.D., 1883, *Traité de Géologie Paris*, F. Savy, Paris.

Mayer-Eymar, K., 1858, "Versuch einer neuen Klassifikation der Teriär-Gebilde Europa's," *Verhandlungen der Schweizer Naturforschenden Gesellschaft für die gesammten Naturwissenschaften Trogen*, 42, 165-199.

Molina, E., Alegret, L., Arenillas, I., Arz, J.A., Gallala, N., Hardenbol, J., Salis, K., Steurbaut, E., Vandenberghe, N., and Zaghbib-Turki, D., 2006, "The Global Boundary Stratotype Section and Point for the base of the Danian Stage (Paleocene, Paleogene, "Tertiary", Cenozoic) at El Kef, Tunisia-Original definition and revision," *Episodes*, 29, 263-273.

Molina, E. et al., 2011, "The Global Stratotype Section and Point (GSSP) for the base of the Lutetian Stage at the Gorrondatxe section, Spain," *Episodes*, 34, 86-108.

Munier-Chalmas, E. and de Lapparent, A., 1894, "Note sur la nomenclature des terrains sédimentaires," *Bulletin de la Société Géologique de France*, 21, 438-488.

Naumann, C.F., 1866, *Lehrbuch der Geognosie*, Engelmann.

Premoli Silva, I. and Jenkins, D.G., 1993, "Decision on the Eocene-Oligocene boundary stratotype," *Episodes*, 16, 379-382.

Schmitz, B. et al., 2011, "The Global Stratotype Sections and Points for the bases of the Selandian (Middle Paleocene) and Thanetian (Upper Paleocene) stages at Zumaia, Spain," *Episodes*, 34, 220-243.

Wade, B.S., Pearson, P.N., Berggren, W.A., and Palike, H., 2011, "Review and revision of Cenozoic tropical planktonic foraminiferal biostratigraphy, and calibration to the geomagnetic polarity and astronomical time scale," *Earth-Science Reviews*, 104, 111-142.

제14장

신진기Neogene

신진기新進紀는 신생대의 두 번째 지질시대로 지구의 생태계가 오늘날의 모습을 갖추게 된 시대다. 고진기에서 신진기로 넘어갈 때, 생물의 대량멸종사건은 일어나지 않았다. 하지만 전 지구적으로 기온이 하강하면서 육지는 춥고 건조해졌고, 이에 따라 식생植生에 큰 변화가 일어나 이전에는 없었던 초원草原 환경이 생겨났다. 오늘날 지구에는 사바나savanna, 스텝steppe, 툰드라tundra 같은 초원이 넓게 분포하지만, 신진기 이전에는 초원 환경이 드물었다.

초원에서 자라는 식물은 보통 풀 또는 잔디라고 불리는 종류다. 풀이나 잔디는 수풀보다는 나무가 없는 넓은 지역에서 잘 자란다. 특히 풀과 잔디는 건조한 환경에 잘 적응해 다른 식물들이 말라 죽으면 그 자리를 차지하면서 빠르게 자라났다. 그러므로 신진기 이후 초원 환경이 넓어진 것은 전 지구적으로 건조해지고 추워진 기후 때문이었다.

초원이 넓어짐에 따라 동물계에도 변화가 일어났다. 특히 눈에 띄는 변화는 설치류齧齒類, 명금류鳴禽類, 뱀 등이 크게 번성한 점이다. 설치류(쥐, 다람쥐, 두더지 등)와 명금류(참새, 박새, 까마귀 등)는 초원에 흩어진 풀과 잔디의 열매를 먹으면서 크게 번성했고, 뱀은 초원에 살고 있던 쥐와 새를 잡아먹으면서 번성했다. 현재 설치류에 속하는 종류는 2000종, 명금류에 속하는 종류는 4000종, 그리고 뱀은 1400종이 넘는 것으로 알려져 있다.

이 무렵, 동아시아에서 일어났던 중요한 사건은 동해의 탄생이다. 아시아 대륙에서 떨어져 나간 땅덩어리의 일부가 일본열도의 모태를 이루면서 동남쪽으로 이동하기 시작했다. 이 과정에서 아시아 대륙과 일본열도 사이에 생겨난 골짜기는 태평양과 단절되어 있었기 때문에 처음에는 큰 호수를 이루었다. 시간이 흐르면서 골짜기는 점점 넓어졌고, 2300만 년 전 무렵 이 골짜기에 바닷물이 들어와 동해를 탄생시켰다. 이후 동해의 확장은 1000만 년 남짓 더 지속되다가 지금으로부터 1200만 년 전부터 필리핀해판과 태평양판이 미는 힘 때문에 확장을 멈추고 수축의 단계로 접어들었다고 알려져 있다.

동해의 형성과 함께 신진기에 일어났던 중요한 사건의 하나는 아프리카 대륙의 동북쪽 아파르Afar 부근에서 대규모 화산활동이 일어나면서 아라비아 반도가 아프리카 대륙으로부터 떨어져 나간 일이다. 두 땅덩어리가 벌어진 자리에 홍해와 아덴만이 생겨났고, 아프리카 대륙 동부를 따라 남북방향으로 길게 늘어선 동아프리카 열곡대가 형성되었다.

신진기의 끝 무렵인 약 300만 년 전에 일어났던 중요한 판구조적 사건은 북아메리카 대륙과 남아메리카 대륙의 연결이다. 이에 따라 북아메리카 대륙의 동물들이 남아메리카 대륙으로 이주하면서 남아메리카 대륙의 토착종들이 많이 멸종했다. 두 대륙의 연결로 태평양과 대서양은 단절되었고, 이에 따라 해류의 흐름에도 큰 변화가 일어났다. 대표적인 예로 북대서양에 북쪽으로 흐르는 멕시코 만류 Gulf Stream가 생겨나 엄청난 양의 수분을 고위도 지방으로 운반하여 유럽과 북아메리카 대륙에 많은 눈이 내렸고, 그 결과 제4기 플라이스토세 빙하시대가 시작되었다.

1. 신진기의 유래

신진기라는 용어는 1853년 오스트리아의 고생물학자 회르네즈 Moritz Hörnes(1815-1868)에 의해 제안되었다. 연체동물 화석을 연구했던 회르네즈는 마이오세와 플라이오세의 화석이 에오세의 화석과 큰 차이를 보인다는 관찰을 바탕으로 마이오세와 플라이오세를 신진기Neogen Stufe로 묶었다(Hörnes, 1853). 하지만 신진기는 문헌에서 그다지 많이 쓰이지 않았다. 왜냐하면, 신생대를 제3기와 제4기로 나누어 사용해 왔던 전통 때문이었다.

그런데 21세기에 접어들어서 국제층서위원회는 신생대를 고진기와 신진기로 나누고, 고진기에 팔레오세, 에오세, 올리고세, 그리고 신진기에 마이오세, 플라이오세, 플라이스토세, 홀로세를 포함시키면서 제4기를 지질시대표에서 삭제했다(Gradstein et al., 2004). 이에 제4기 학자들이 강력히 반발함에 따라 2009년에 제4기가 부활되었다. 현재 신생대는 고진기, 신진기, 제4기로 나뉘며, 신진기는 마이오세와 플라이오세 그리고 제4기는 플라이스토세와 홀로세를 아우르는 체계로 정리되었다. 그럼에도 불구하고, 국제신진기층서위원회에서는 지금도 플라이스토세와 홀로세를 신진기에 포함하는 안을 선호하고 있다.

2. 신진기의 시작

신진기가 처음 제안되었을 때(Hörnes, 1853), 마이오세와 플라이오세를 아우르는 시대였기 때문에 신진기의 시작은 마이오세의 시작과 같았다. 당시 회르네즈는 마이오세의 시작을 암상과 화석군의 내용이 바뀌는 층준에 설정했다.

신진기의 시작은 올리고세의 카티절과 마이오세의 아키텐절의 경계에 해당한다. 현재 신진기의 황금못—즉, 아키텐절의 황금못—은 북이탈리아의 레메-카로시오Lemme-Carrosio 단면의 맨 위로부터 아래로 35미터 층준에서 정해졌으며, 고지자기층서 C6Cn.2r과 C6Cn.2n의 경계와 일치한다(Steininger et al., 1997).

3. 신진기의 시대 세분

신진기는 마이오세와 플라이오세로 나뉘며, 이들은 다시 8개의 절節로 세분된다. 마이오세는 아키텐절, 부르디갈라절, 랑게절, 세라발레절, 토르토나절, 메시나절, 그리고 플라이오세는 장클레절과 피아첸차절로 이루어진다(표 17). 현재 황금못이 확정된 시대는 마이오세와 아키텐절(1996년), 세라발레절(2007년), 토르토나절(2003년), 메시나절(2000년), 플라이오세와 장클레절(2000년), 피아첸차절(1997년)이며(괄호 안은 공인받은 연도), 황금못이 아직 정해지지 않은 시대는 부르디갈라절과 랑게절이다.

표 17. 신진기의 지질시대 세분

기(Period)	세(Epoch)	절(Age)	기준이 된 표준화석 또는 사건/ 황금못의 위치 (황금못의 시작)
신진기 (Neogene)	플라이오 (Pliocene)	피아첸차 (Piacenzian)	탄산염 윤회층 77번/시칠리아 Punta Piccola 단면 (360만 년 전)
		장클레 (Zanclean)	고지자기층서 C3n.4n의 일사량 주기 510/시칠리아 Eraclea Minoa (533만 년 전)
	마이오 (Miocene)	메시나 (Messinian)	고지자기층서 C3Br.1r의 바닥/모로코 Oued Akrech (725만 년 전)
		토르토나 (Tortonian)	*Discoaster kugleri*와 *Globigerinoides subquadratus*의 산출/ 이탈리아 Monte dei Corvi (1165만 년 전)
		세라발레 (Serravallian)	산소동위원소 변동 Mi-3b/몰타 Ras il Pellegrin (1382만 년 전)
		랑게 (Langhian)	미정/미확정 (1599만 년 전)
		부르디갈라 (Burdigalian)	미정/미확정 (2045만 년 전)
		아키텐 (Aquitanian)	고지자기 층서 C6Cn.2n의 바닥/ 이탈리아 Lemme-Carrosio (2304만 년 전)

1) 마이오세

영국의 지질학자 라이엘은 1833년 제3기를 '에오세', '마이오세', '고플라이오세', '신플라이오세'로 구분했다. 라이엘은 제3기의 시대를 구분할 때 연체동물 화석의 산출 양상을 이용했는데, 어느 지층에서 산출되는 연체동물 화석 중 현생종의 비율이 약 20퍼센트인 경우를 마이오세에 포함시켰다. 마이오세Miocene Epoch에서 'Mio-'는

'더 적다less'는 뜻이고 '-cene'은 '새롭다new'는 뜻이니까, 마이오세 지층의 연체동물 화석 중에서 현생종의 비율이 비교적 낮음을 의미한다.

마이오세의 황금못은 신진기의 황금못과 같으며, 동시에 아키텐절의 황금못(아래 참조)이기도 하다. 마이오세는 총 6개의 절—아키텐, 부르디갈라, 랑게, 세라발레, 토르토나, 메시나—로 나뉘었으며, 2304만 년 전에서 533만 년 전까지의 기간이다.

아키텐절: 아키텐절Aquitanian Age은 1858년 스위스 지질학자 마이어-아이마르에 의해 처음 사용되었으며, 그 명칭은 프랑스 남서부 아키텐Aquitane 지방에서 따왔다(Mayer-Eymar, 1858).

아키텐절의 황금못은 1996년 이탈리아 북부의 레메-카로시오 단면의 맨 위로부터 아래로 35미터 층준에서 정해졌으며, 석회질 초미화석 *Sphenolithus delphix*는 황금못 층준의 아래 12미터에서 위로 4미터 구간에서 산출된다. 그리고 또 다른 석회질 초미화석 *Sphenolithus capricornutus*는 황금못 층준에서 위로 1미터 구간에서 산출된다. 이밖에 유공충과 와편모충의 산출 양상도 황금못을 인지하는 데 도움을 준다. 고지자기 연구에 의하면, 아키텐절의 황금못은 고지자기 층서 C6Cn.2r과 C6Cn.2n의 경계와 일치한다(Steininger et al., 1997). 아키텐절은 2304만 년 전에서 2045만 년 전까지의 기간이다.

부르디갈라절: 부르디갈라절Burdigalian Age은 1892년 프랑스 지질학자 드페레Charles Depéret(1854-1929)가 처음 사용했으며, 그 이름은

프랑스 보르도Bordeaux의 라틴어 표기인 부르디갈라*Burdigala*에서 따왔다. 부르디갈라절의 황금못은 아직 정해지지 않았으며, 부유성 유공충과 석회질 초미화석 그리고 고지자기 층서 등을 황금못의 기준으로 고려하고 있다. 현재 잠정적으로 정해진 부르디갈라절의 지속기간은 2045만 년 전에서 1599만 년 전까지다.

랑게절: 랑게절Langhian Age은 1865년 이탈리아 지질학자 파레토Lorenzo Pareto(1800-1865)에 의해 제안되었으며(Pareto, 1865), 이탈리아 북부 랑게Langhe 지역의 보르미다Bormida 계곡에 드러난 지층에 사용되었다. 랑게절은 한때 부르디갈라절과 시대가 같다고 알려졌지만, 지금은 부르디갈라절 위에 놓이는 시대로 자리 잡았다.

랑게절의 황금못은 아직 정해지지 않았지만, 황금못의 기준으로 유공충 *Praeorbulina glomerosa*의 첫 출현과 고지자기 층서 C5Cn.1n의 최상부를 고려하고 있다. 랑게절의 표식지였던 보르미다 계곡이 황금못으로 부적절하다는 사실이 밝혀지면서 이탈리아의 라 베도바La Vedova 해안 단면과 몰타의 세인트 피터스 풀St. Peter's Pool 단면이 황금못 후보로 경쟁하고 있다(Foresi et al., 2011; Turco et al., 2011). 현재 잠정적으로 정해진 랑게절의 지속기간은 1599만 년 전에서 1382만 년 전까지다.

세라발레절: 세라발레절Serravallian Age은 파레토에 의해 1865년 랑게절과 함께 제안되었으며(Pareto, 1865), 그 이름은 이탈리아 북부의 세라발레 스크리비아Serravalle Scrivia에서 따왔다. 이 지질시대명은 거의 사용되지 않다가 1975년 랑게절과 토르토나절 사이를 채우는

지질시대로 채택되었다. 세라발레절을 지시하는 고생물학적 증거는 석회질 초미화석 *Sphenolithus heteromorphus*가 마지막으로 산출되는 층준으로 알려졌다. 하지만 이 층준이 지역에 따라 시대가 다르다는 사실이 알려지면서(지중해 지역이 대서양 지역보다 약 10만 년 빠름) 황금못의 기준으로 적절하지 않음이 드러났다. 이 층준 부근에서 알려진 특이한 현상으로 산소동위원소 변동이 있다. 특히 Mi-3b로 알려진 변동은 중기 마이오세에 기후가 한랭해지면서 남극대륙에 빙하가 성장하기 시작했다는 것, 전 지구적으로 '따뜻한 기후Greenhouse'에서 '추운 기후Icehouse'로 바뀌는 시점을 알려 준다는 점에서 황금못의 기준으로 고려되었다. 그런데 세라발레절의 표식지였던 세라발레 스크리비아 지방은 생층서와 고지자기 연구에 적합하지 않음이 알려지면서 다른 지역에서 황금못을 찾아야 했다.

그래서 새롭게 정해진 세라발레절의 황금못은 몰타Malta의 서해안에 드러난 라스 일 펠레그린Ras il Pellegrin 단면이다. 이 단면에서 황금못은 블루 클레이층Blue Clay Formation의 바닥으로 정해졌다(Hilgen et al., 2009). 이 층준은 예전의 기준이었던 *Sphenolithus heteromorphus*의 마지막 산출 층준보다 아래에 위치하며, 고지자기층서 C5ACn의 상부 구간에 해당한다. 세라발레절은 2007년 국제지질과학연맹의 승인을 받았으며, 1382만 년 전에서 1165만 년 전까지의 기간이다.

토르토나절: 토르토나절Tortonian Age은 1858년 마이어-아이마르에 의해 제안되었으며, 그 명칭은 이탈리아 북부의 작은 도시 토르토나Tortona에서 따왔다(Mayer-Eymar, 1858). 당시 토르토나절은 하부의 해성층과 상부의 육성층을 모두 아우르는 개념이었다. 그로부터

10년이 지난 1868년 마이어-아이마르가 상부 육성층에 메시나절Messinian Age이라는 새로운 시대명을 붙이면서 토르토나절은 하부의 해성층으로 국한되었다. 그 후 자세한 연구에 의해 토르토나절의 시작은 부유성 유공충 *Neogloboquadrina acostaensis*의 첫 출현으로 알려졌다. 하지만 이어진 연구에서 토르토나절의 표식지인 토르토나가 황금못으로 적절하지 않음이 드러났는데, 그 이유는 산출된 화석 중에 재퇴적再堆積된 표본이 많았기 때문이다.

그래서 새롭게 선정된 토르토나절의 황금못은 이탈리아 동부 해안의 몬테 데이 코르비Monte dei Corvi 단면에서 정해졌다(Hilgen et al., 2005). 토르토나절의 황금못은 이 단면의 단위층 76번의 검은색 부니층腐泥層, sapropel(퇴적물 속의 유기물이 썩어서 검은색을 띠는 진흙층) 가운데로 정해졌으며, 고생물학적 특징은 석회질 초미화석 *Discoaster kugleri*와 부유성 유공충 *Globigerinoides subquadratus*가 보편적으로 산출되는 마지막 층준에 가깝다는 점이다. 이밖에도 황금못은 고지자기 층서 C5r.2n과 마이오세 산소동위원소 변동 Mi-5와도 일치한다. 토르토나절은 2003년 국제지질과학연맹의 승인을 받았으며, 지속기간은 1165만 년 전에서 725만 년 전까지다.

메시나절: 메시나절Messinian Age의 이름은 시칠리아의 도시 메시나Messina에서 따왔는데, 이 용어가 문헌에 등장한 것은 1867년이지만, 그 의미가 명확해진 것은 1868년 마이어-아이마르가 토르토나절을 나누어 상부의 육성층에 메시나절이라는 이름을 붙인 이후였다(Mayer-Eymar, 1868). 메시나절이 토르토나절과 플라이오세 사이를 채우는 국제 표준의 지질시대로 자리매김한 때는 1959년인데, 이때

메시나절의 표식지로 시칠리아의 파스콰시아-카포다르소Pasquasia-Capodarso 단면이 선정되었다. 그 후 파스콰시아-카포다르소 단면이 산사태로 무너지면서 시칠리아의 팔코나라Falconara 단면이 새로운 표식지가 되었다. 하지만 이어진 연구에서 팔코나라 단면도 메시나절의 황금못으로 적절하지 않음이 밝혀졌다.

현재 메시나절의 황금못은 모로코의 우에드 아크레흐Oued Akrech 단면에서 단위층 15번의 적색층 바닥으로 정해졌다(Hilgen et al., 2000). 이 층준에서 고생물학적 특징은 부유성 유공충 *Globorotalia miotumida*와 석회질 초미화석 *Amaurolithus delicatus*의 첫 출현이고, 고지자기층서 C3Br.1r과 일치한다. 메시나절은 2000년 국제지질과학연맹의 승인을 받았고, 지속기간은 725만 년 전에서 533만 년 전까지다.

메시나절에 일어났던 특이한 현상의 하나는 약 600만 년 전에서 533만 년 전 사이에 지중해가 대서양으로부터 여러 차례 단절되면서 지중해의 바닷물이 모두 증발해 버린 사건이다. 그 결과 엄청난 양의 증발암이 지중해 바닥에 쌓이면서 해양의 평균 염도가 1퍼밀‰ 낮아졌는데, 이 현상을 '메시나절 염도 위기Messinian salinity crisis'라고 부른다(Krijgsman, et al., 1999).

2) 플라이오세

앞서 언급했듯이 라이엘은 1833년 제3기를 '에오세', '마이오세', '고플라이오세', '신플라이오세'로 세분했다. 당시 라이엘은 제3기의 시대를 구분할 때 연체동물 화석의 산출 양상을 고려했으며, 화석 중에서 현생종이 차지하는 비율이 50퍼센트 이상인 경우를 플라이오세에 포함했다. 1839년에 라이엘은 플라이오세를 '고플라이오세'에 국한하고, '신플라이오세'에 플라이스토세Pleistocene라는 새로운 이름을 붙였다. 플라이오세Pliocene에서 'Plio-'는 '더 많다more'는 뜻이고 -cene'은 '새롭다new'는 뜻이니까, 화석 중에서 현생종의 비율이 비교적 많음을 의미한다. 플라이오세는 장클레절과 피아첸차절로 나뉘며, 533만 년 전에서 258만 년 전까지의 기간이다.

장클레절: 장클레절Zanclean Age은 19세기 중엽에 이탈리아 지질학자 세구엔차Giuseppe Seguenza(1833-1889)에 의해 플라이오세의 하부에 해당하는 시대로 제안되었다(Seguenza, 1868). '장클레'라는 명칭은 시칠리아의 도시 메시나Messina의 옛 이름인 장클레Zancle에서 따왔다. 장클레절은 처음에 메시나 부근 그라비텔리Gravitelli 단면의 백색 이회암으로 이루어진 트루비층Trubi Formation에 사용되었다. 하지만 '장클레절'이라는 시대명은 거의 사용되지 않았으며, 이 명칭이 다시 문헌에 등장한 것은 1970년대 중반 시칠리아의 카포 로셀로Capo Rossello에 드러난 트루비층이 장클레절의 표식지로 지정된 이후의 일이었다(Cita, 1975). 이곳의 트루비층은 유공충이 많이 들어 있는 해성층海成層으로 그 아래의 육성층陸成層인 메시나절의 아레나촐로층Arenazzolo Formation과 뚜렷이 달랐다. 두 층의 경계는 '메시나절 염도 위기'가 끝난 직후 지중해가 다시 대서양과 연결되면서 바닷물로 채워진 시점에 해당한다.

이어진 연구에서 시칠리아 남부 해안의 에라클레아 미노아Eraclea Minoa 단면이 메시나절-장클레절의 경계 구간을 잘 보여 준다는 연구결과를 바탕으로 이 단면에서 트루비층의 바닥이 장클레절의 황금못으로 선정되었고(Van Couvering et al., 2000), 2000년 국제지질과학연맹의 승인을 받았다. 장클레절의 황금못은 주기층서학週期層序學, cyclostratigraphy의 일사량 주기isolation cycle 510번에 해당하고, 고지자기층서 C3n.4n보다 9600년 오랜 층준이다. 이밖에 석회질 초미화석 자료도 황금못을 인지하는 데 도움이 되는 것으로 알려져 있다. 장클레절은 533만 년 전에서 360만 년 전까지의 기간이다.

피아첸차절: 피아첸차절Piacenzian Age은 마이어-아이마르에 의해 1858년에 제안되었으며, 이름은 이탈리아 북부의 피아첸차Piacenza 지방에서 유래했다(Mayer-Eymar, 1858). 1967년에 피아첸차절의 표식지로 카스텔 아르콴토Castell' Arquanto 단면이 선정되었고, 피아첸차절의 시작은 부유성 유공충 *Globorotalia margaritae*가 마지막으로 산출되는 층준으로 알려졌다. 하지만 후속 연구에 의해 카스텔 아르콴토 단면의 피아첸차절이 시작하는 구간에서 퇴적작용이 중단되었다는 사실과 그 층준에서 *Globorotalia margaritae*가 멸종되지 않았음이 드러났다. 따라서 카스텔 아르콴토 단면이 피아첸차절의 표식지로 부적합했기 때문에 새로운 황금못을 찾아야 했다.

그래서 새롭게 찾아낸 피아첸차절의 황금못은 시칠리아 아그리젠토Agrigento 부근의 푼타 피콜라Punta Piccola 단면에서 탄산염 윤회층 77번의 담갈색 이회암층 바닥으로 정해졌고(Castradori et al., 1998), 1997년 국제지질과학연맹의 승인을 받았다. 이 황금못 층준 바로 위에서 길버트 역자극기Gilbert Reversal에서 가우스 정자극기Gauss Normal로 바뀌는 사건이 일어났다. 피아첸차절은 360만 년 전에서 258만 년 전까지의 기간이다.

요약

신진기는 신생대의 두 번째 지질시대로 2304만 년 전에서 258만 년 전 사이의 기간이다. 신진기의 황금못은 이탈리아 북부 지방 레메-카로시오(Lemme-Carrosio) 단면의 맨 위에서 아래로 35미터 층준에서 정해졌으며, 석회질 초미화석 *Sphenolithus delphix*와 *Sphenolithus capricornutus*의 산출 양상으로 인지할 수 있고, 고지자기 층서 C6Cn.2r과 C6Cn.2n의 경계와 일치한다. 신진기는 마이오세와 플라이오세로 나뉜다. 마이오세는 아키텐절, 부르디갈라절, 랑게절, 세라발레절, 토르토나절, 메시나절 그리고 플라이오세는 장클레절과 피아첸차절로 이루어진다.

참고문헌

Castradori, D., Rio, D., Hilgen, F.J., and Lourens, L.J., 1998, "The Global Standard Stratotype-section and Point (GSSP) of the Piacenzian Stage (Middle Pliocene)," *Episodes*, 21, 88-93.

Cita, M.B., 1975, "The Miocene-Pliocene boundary: history and definition," In: Saito, T. and Burckle, L.D. (eds.), *Late Neogene Epoch Boundaries*, Micropaleontology Press, Special Publication, 1, 1-30,

Foresi, L.M., Verducci, M., Baldassini, N., Lirer, F., Mazzei, R., Gianfranco, S., Ferraro, L., and Da Prato, S., 2011, "Integrated stratigraphy of St. Peter's Pool section (Malta): new age for the Upper Globigerina member and progress towards the Langhian GSSP," *Stratigraphy*, 8, 125-143.

Gradstein, F.M., Ogg, J.G., and Smith, A., 2004, *A Geologic Time Scale 2004*, Cambridge University Press.

Hilgen, F.J., Iaccarino, S., Krijgsman, W., Villa, G., Langereis, C.G., and Zachariasse, W.J., 2000, "The Global Stratotype Section and Point (GSSP) of the Messinian Stage (uppermost Miocene)," *Episodes*, 23, 172-178.

Hilgen, F.J., Aziz, H.A., Bice, D., Iaccarino, S., Krijgsman, W., Kuiper, K., Montanari, A., Raffi, I., Turco, E., and Zachariasse, W.J., 2005, "The Global Stratotype Section and Point (GSSP) of the Tortonian Stage (Upper Miocene) at Monte Dei Corvi," *Episodes*, 28, 6-17.

Hilgen, F.J., Abels, H.A., Iaccarino, S., Krijgsman, W., Raffi, I., Sprovieri, R., Turco, E., and Zachariasse, W.J., 2009, "The Global Stratotype Section and Point (GSSP) of the Serravallian Stage (Middle Miocene)," *Episodes*, 32, 152-166.

Hörnes, M., 1853, "Mitteilung an Prof. Bronn Gerichtet: Wien, 3. Okt., 1853," *Neues Jahrbuch für Mineralogie, Geognosie, Geologie und Petrefaktenkunde*, Jahrgang 1853, 806-810.

Krijgsman, W., Hilgen, F.J., Raffi, I., Sierro, F.J., and Wilson, D.S., 1999, "Chronology, causes and progression of the Messinian salinity crisis," *Nature*, 400, 652-655.

Mayer-Eymar, K., 1858, "Versuch einer neuen Klassifikation der Teritär-Gebilde Europa's," *Verhandlungen der Schweizerischen Naturforschenden Gesellschaft*, 17-19, 70-71 & 165-199.

Mayer-Eymar, K., 1868, *Tableau synchronistique des terrains tertiaires supérieurs*, IV ed., Zürich.

Pareto, L., 1865, "Note sur les subdivisions que l'on pourrait établir dans les terrains tertiaires de l'Apennin septentrional," *Bulletin de la Société Géologique de France*, séries 2, 22, 210-217.

Seguenza, G., 1868, "La Formation Zancléenne, ou researches sur une nouvelle formation tertiaire," *Bulletin de la Société Géologique de France*, séries 2, 25, 465-485.

Steininger, F.F. et al., 1997, "The Global Stratotype Section and Point (GSSP) for the base of the Neogene," *Episodes*, 20, 23-28.

Turco, E., Cascella, A., Gennari, R., Hilgen, F.J., Iaccarino, S.M., and Sagnotti, L., 2011, "Integrated stratigraphy of the La Vedova section (Conero Riviera, Italy) and implications for the Burdigalian/Langhian boundary," *Stratigraphy*, 8, 89-110.

Van Couvering, J.A., Castradori, D., Cita, M.B., Hilgen, F.J., and Rio, D., 2000, "The base of the Zanclean Stage and the Pliocene Series," *Episodes*, 23, 179-187.

제15장

제4기 Quaternary

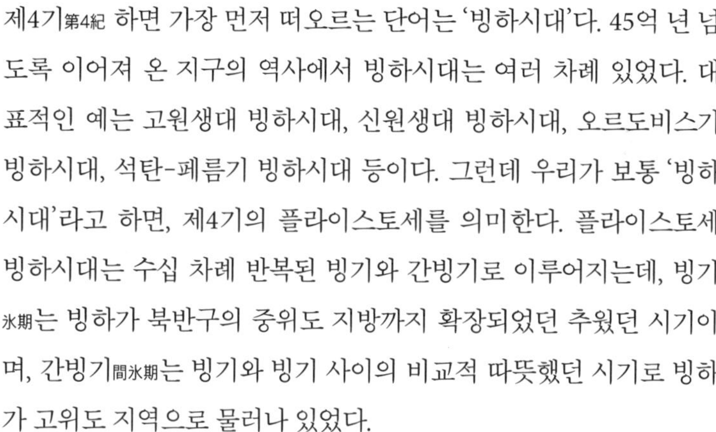

제4기第4紀 하면 가장 먼저 떠오르는 단어는 '빙하시대'다. 45억 년 넘도록 이어져 온 지구의 역사에서 빙하시대는 여러 차례 있었다. 대표적인 예는 고원생대 빙하시대, 신원생대 빙하시대, 오르도비스기 빙하시대, 석탄-페름기 빙하시대 등이다. 그런데 우리가 보통 '빙하시대'라고 하면, 제4기의 플라이스토세를 의미한다. 플라이스토세 빙하시대는 수십 차례 반복된 빙기와 간빙기로 이루어지는데, 빙기氷期는 빙하가 북반구의 중위도 지방까지 확장되었던 추웠던 시기이며, 간빙기間氷期는 빙기와 빙기 사이의 비교적 따뜻했던 시기로 빙하가 고위도 지역으로 물러나 있었다.

제4기는 지구 역사에서 마지막 기紀로 258만 년 전 이후 지금까지의 기간을 말한다. 제4기는 플라이스토세와 홀로세로 나뉘며, 플라이스토세는 258만 년 전에서 1만 1700년 전까지의 기간이고, 홀로세는 1만 1700년 전 이후 지금까지의 기간이다. 플라이스토세에 빙기와 간빙기가 수십 번 반복되었으며, 홀로세는 플라이스토세의 마지막 빙기가 끝난 후에 시작된 간빙기에 해당한다. 지금 우리는 따뜻한 홀로세에 살고 있기 때문에 빙하시대를 우리와 전혀 상관없는 시대라고 생각하겠지만, 사실 우리는 빙하시대의 끝자락에 살고 있는 셈이다.

플라이스토세를 빙하시대라고 하니까 플라이스토세가 시작하면서 지구에 빙하가 생겨났다고 생각하기 쉽지만, 중생대 이후 지구에 빙하가 처음 생성된 때는 3000만 년 전 무렵이었다. 당시 빙하가 생성된 곳은 남극대륙인데, 그 배경에는 약 4000만 년 전에 일어났던 남극대륙과 오스트레일리아 대륙의 분리가 있었다. 앞서 언급했듯이 남극대륙이 남극지방에 고립되면서 대륙을 감싸며 도는 남극순환해류가 생겨났고, 이 남극순환해류가 저위도에서 올라오는 따뜻한 해류를 차단한 결과 남극대륙이 냉각되어 빙하가 생성되었다.

남극대륙에 빙하가 형성된 후, 지구의 평균 기온은 크게 내려갔고, 약 300만 년 전에 이르러 북극해에도 얼음이 얼기 시작했다. 이 무렵 일어났던 중요한 판구조적 사건의 하나는 현재의 파나마해협을 따라 남·북아메리카 대륙이 연결된 일이다. 그 결과 북대서양에는 멕시코만을 출발해 북쪽으로 흐르는 멕시코 만류가 생겨났고, 따뜻한 멕시코 만류는 엄청난 양의 수분을 북대서양의 고위도 지방으로 운반했다. 이 수분은 유럽과 북아메리카 대륙의 고위도 지방에 이르러 많은 눈으로 내려 빙하가 형성되기 시작했다. 유럽 대륙의 경우 알프스산맥에도 빙하가 형성되었고, 북아메리카 대륙에서는 5대호와 뉴욕 부근까지 빙하로 덮였다.

지구의 역사에서 빙하시대가 있었다는 사실은 19세기 중엽 스위스의 과학자 아가시Louis Agassiz(1807-1873)에 의해 알려졌다(Agassiz, 1840). 이후 빙하퇴적층에 대한 연구가 이어지면서 빙하시대 동안 빙기와 간빙기가 여러 차례 반복되었음을 알게 되었다. 빙기와 간빙기는 북반구에서 빙하의 확장과 축소를 반영하는데, 빙하가 많이 생성되어 대륙빙하가 북반구 중위도 지역까지 확장되면 빙기가 되고, 기후가 따뜻해져서 대륙빙하가 고위도 지방으로 물러가면 간빙기가 된다. 남극대륙에서도 빙하의 확장과 축소가 있었겠지만, 남극대륙은 바다로 둘러싸여 고립되어 있었기 때문에 빙하의 확장과 축소를 알아내기 어렵다. 19세기 후반에는 유럽과 북아메리카 대륙에서 플라이스토세 기간에 4번의 빙기와 3번의 간빙기가 있었다는 사실이 알려졌다. 하지만 최근 해양생물화석인 유공충 골격의 산소동위원소비로부터 알아낸 과거의 온도변화곡선에 의하면, 플라이스토세 동안에 빙기와 간빙기가 수십 번 반복되었음이 드러났다.

우리는 지금 빙하가 있는 시대에 살고 있기 때문에 지구에는 항상 빙하가 있었다고 생각할 수도 있지만, 45억 년의 지구 역사에서 빙하가 있었던 기간은 모두 합해도 5억 년이 안 된다. 500만 년 전 무렵 지구에 등장한 우리 인류는 그동안 혹독한 빙기를 여러 차례 겪었고, 머지않아 또 새로운 빙기가 온다는 관점에서 지금 우리는 지구의 역사에서 매우 특이한 시기에 살고 있다고 말할 수 있다.

1. 제4기의 유래

'제4기'라는 용어를 처음 제안한 학자는 프랑스 지질학자 데누아예Jules Desnoyers(1800-1887)로 알려져 있다. 그는 이 용어를 프랑스 파리분지에서 제3기층 위에 놓여 있는 굳지 않은 퇴적층에 사용했다(Desnoyers, 1829). 그런데 그에 앞서 18세기 중엽 이탈리아의 과학자 아르두이노Giovanni Arduino는 암석을 제1기 암군, 제2기 암군, 제3기 암군으로 나누었고, 하천 주변에 쌓여 있는 굳지 않은 퇴적물에 '네 번째 순서Fourth Order'라는 단어를 사용했다(Gibbard, 2019 참조).

그러므로 아르두이노를 제4기의 명명자로 인정해야겠지만, '제4기Quaternaire'라는 직접적인 용어를 맨 처음 사용한 사람이 데누아예였기 때문에 대부분의 문헌에서 그를 '제4기'의 명명자로 소개하고 있다.

그 후, 프랑스의 저명한 동물학자 퀴비에Georges Cuvier(1769-1832)는 제4기층에서 산출되는 화석이 오늘날의 동물과 비슷하기는 하지만, 매머드와 마스토돈처럼 멸종한 생물들이 화석으로 발견된다는 사실을 바탕으로 제4기층은 성경에 기록된 '노아의 홍수'가 일어났을 때 쌓였다고 해석했다. 그래서 제4기층은 홍수에 의해 퇴적되었다는 의미의 '홍적층洪積層, Diluvium'으로 불리기도 했다. 한편, 앞서 언급했듯이 영국의 지질학자 라이엘은 1833년 『지질학원론』에서 제3기를 '에오세', '마이오세', '고플라이오세, '신플라이오세'로 구분했는데, 1839년에 라이엘은 '신플라이오세'에 플라이스토세Pleistocene라는 새로운 이름을 붙였다. 플라이스토세 연체동물 화석의 대부분(70% 이상)은 지금도 살아 있는 종류였기 때문에 제4기와 플라이스토세는 동의어처럼 쓰이기도 했다.

플라이스토세 다음의 홀로세Holocene는 홍수가 끝난 이후에 쌓인 퇴적층이라는 해석을 바탕으로 붙여진 이름(Gervais, 1867-1869)으로, 1885년에 열렸던 제3차 국제지질학총회에서 공식적인 지질시대로 인정되었다. 홀로세 퇴적층은 '충적층沖積層, Alluvium'으로 불리며, 이 용어는 지금도 널리 쓰이고 있다. 그러므로 제4기가 플라이스토세와 홀로세로 이루어진다는 개념은 19세기 끝날 무렵에 정립된 셈이다.

그런데 21세기에 들어서면서 '제4기'라는 용어가 지질시대표에서 제외되는 사건이 일어났다. 18-19세기에 제안되었던 지질시대 이름 중에서 '제1기', '제2기', '제3기'가 더 이상 사용되지 않는 현실을 받아들여 '제4기'도 국제층서위원회에서 배포하는 지질시대표에서 삭제된 것이다(Gradstein et al., 2004). 그러자 이에 대한 제4기 연구자들의 강력한 반발이 이어졌고, 제4기를 소생시키기 위한 그들의 지속적인 노력에 의해 2009년 제4기는 다시 지질시대표에 포함되어 신생대의 세 번째 기紀가 되었다.

2. 제4기의 시작

앞서 소개한 것처럼, '제4기'라는 용어가 프랑스 파리분지에서 제3기층 위에 놓이는 굳지 않은 퇴적층에 사용되었고, 그 후 화석 연구를 바탕으로 제4기층이 노아의 홍수가 일어났을 때 쌓였다는 해석도 등장했다. 그런데 1840년 무렵 제4기층이 홍수가 아니라 빙하 활동에 의해 쌓인 퇴적층이라는 새로운 해석(Agassiz, 1840)이 등장한 후 제4기와 빙하시대는 관련이 깊다는 것을 알게 되었다. 한편, 플라이스토세와 제4기가 개념적으로 거의 같다는 사실이 밝혀지면서 제4기의 시작과 플라이스토세의 시작이 같음도 인식하게 되었다.

1948년 런던에서 열린 제18차 국제지질학총회에서 플라이오세-플라이스토세(즉, 신진기-제4기)의 경계는 이탈리아의 신진기층 구간에서 기후가 추워지기 시작하면서 쌓인 층준으로 정한다는 원칙을 세웠다. 아울러 제4기의 시작을 정하는 기준은 이탈리아의 칼라브리아절Calabrian Age에 속하는 해양생물 화석 중에서 선정한다는 내용을 추가했다. 그런데 연구가 진행되면서 오로지 화석자료를 바탕으로 플라이오세-플라이스토세의 경계를 정하기는 어려우며, 따라서 고지자기 층서도 함께 고려하는 것이 바람직하다는 의견이 등장했다. 그 후, 30여 년에 걸친 연구 끝에 제4기(동시에 플라이스토세)의 황금못은 이탈리아 남부 칼라브리아Calabria주 크로토네Crotone에서 남쪽으로 4킬로미터 떨어진 브리카Vrica 단면에서 부니층腐泥層 'e'의 상단으로 확정되었으며(Aguirre and Pasani, 1985), 황금못 층준의 절대연령은 180만 년 전으로 측정되었다.

그런데 당시 대부분의 제4기 전공학자들은 빙하시대가 180만 년 전보다 훨씬 일찍 시작되었다는 사실을 알고 있었다. 한편, 260만 년 전 무렵에 시작하는 지질시대인 젤라절Gelasian Age의 황금못은 1996년 시칠리아 남부 작은 도시 젤라Gela 부근의 몬테 산 니콜라Monte San Nicola 단면에서 정해졌다(Rio et al., 1998). 하지만 당시 젤라절은 플라이오세의 마지막 지질시대로 다루어졌다.

2004년 이탈리아의 피렌체Firenze에서 열린 제32차 국제지질학총회에서 플라이스토세와 홀로세를 모두 신진기에 포함시킨 새로운 지질시대표(Gradstein et al., 2004)가 배부되었는데, 이 지질시대표에 플라이오세-플라이스토세의 경계가 칼라브리아절의 시작으로 표기되어 있었다(표 18의 2004 지질시대표). 이때, '제4기'는 빙기와 간빙기가 반복되는 구간을 의미하는 비공식적 용어로, 플라이오세의 젤라절과 플라이스토세 그리고 홀로세를 포함하는 것으로 표시되었다. 그러자 국제 표준의 지질시대표에서 제4기를 삭제한 데 대한 제4기학자들의 반발이 이어졌고, 이에 따라 국제층서위원회와 국제제4기연구연맹International Union for Quaternary Research 사이의 오랜 조정 끝에 제4기는 2009년 다시 지질시대의 한 구성원으로 받아들여졌다

표 18. 국제층서위원회에서 제시한 제4기의 시대 구분 변천과정

<table>
<tr><th colspan="4">2004 지질시대표</th><th colspan="3">2012 지질시대표</th><th colspan="3">2020 지질시대표</th></tr>
<tr><td rowspan="10">신진기</td><td colspan="2" rowspan="3">홀로세</td><td rowspan="7">"제4기"</td><td rowspan="7">제4기</td><td colspan="2" rowspan="3">홀로세</td><td rowspan="7">제4기</td><td rowspan="3">홀로세</td><td>메갈라야절</td></tr>
<tr><td>노스그립절</td></tr>
<tr><td>그린란드절</td></tr>
<tr><td rowspan="3">플라이스토세</td><td>후기 절</td><td rowspan="4">플라이스토세</td><td>제4절</td><td rowspan="4">플라이스토세</td><td>제4절</td></tr>
<tr><td>중기 절</td><td>제3절</td><td>지바절</td></tr>
<tr><td>칼라브리아절</td><td>칼라브리아절</td><td>칼라브리아절</td></tr>
<tr><td rowspan="3">플라이오세</td><td>젤라절</td><td>젤라절</td><td>젤라절</td></tr>
<tr><td>피아첸차절</td><td rowspan="3"></td><td rowspan="3">신진기</td><td rowspan="2">플라이오세</td><td>피아첸차절</td><td rowspan="3">신진기</td><td rowspan="2">플라이오세</td><td>피아첸차절</td></tr>
<tr><td>장클레절</td><td>장클레절</td><td>장클레절</td></tr>
<tr><td colspan="2">마이오세</td><td colspan="2">마이오세</td><td colspan="2">마이오세</td></tr>
</table>

(이 내용과 관련된 자세한 역사는 Head and Gibbard(2015) 참조).

이 과정에서 제4기의 시작은 '빙하시대'의 시작과 같아야 한다는 공감대가 형성되었고, 2009년 제4기의 새로운 황금못으로 젤라절의 황금못이 선정되었다(표 18의 2012 지질시대표). 오랜 논란 끝에 정해진 제4기의 황금못은 시칠리아 남부의 몬테 산 니콜라 단면에서 니콜라층Nicola bed(MPRC-250층) 위에 놓인 이회암층의 바닥으로 정해졌다(Gibbard and Head, 2010). 이 층준은 가우스 정자극기에서 마쓰야마Matuyama 역자극기로 바뀌는 경계와도 일치하며, 절대연령은 258만 년 전으로 측정되었다.

3. 제4기의 시대 세분

제4기는 플라이스토세와 홀로세로 이루어지며, 플라이스토세는 다시 3개의 아세亞世, subepoch와 4개의 절로 나뉘고, 홀로세는 3개의 아세와 3개의 절로 나뉜다. 현재 '아세'라는 지질시간단위를 공식적으로 채택하고 있는 시대는 플라이스토세와 홀로세뿐이다.

플라이스토세는 전기 플라이스토 아세, 중기 플라이스토 아세, 후기 플라이스토 아세로 나뉘고, 전기 플라이스토 아세는 젤라절과 칼라브리아절, 중기 플라이스토 아세는 지바절, 그리고 후기 플라이스토 아세는 '제4절'로 구분된다. 홀로세는 전기 홀로 아세, 중기 홀로 아세, 후기 홀로 아세로 나뉘고, 전기 홀로 아세는 그린란드절, 중기 홀로 아세는 노스그립절, 후기 홀로 아세는 메갈라야절을 포함한다(표 19).

현재 황금못이 확정된 시대는 플라이스토세(2009년), 전기 플라이스토 아세(2020년), 젤라절(1996년), 칼라브리아절(2011년), 중기 플라이스토 아세(2020년), 지바절(2020년), 홀로세(2008년), 전기 홀로 아세(2018년), 그린란드절(2018년), 중기 홀로 아세(2018년), 노스그립절(2018년), 후기 홀로 아세(2018년), 메갈라야절(2018년)이다(괄호 안은 공인받은 연도). 아직 황금못이 정해지지 않은 시대는 후기 플라이스토 아세와 제4절이다.

1) 플라이스토세

플라이스토세Pleistocene Epoch라는 지질시대는 라이엘이 '신플라이오세Newer Pliocene'를 대치한 용어로 1839년에 제안되었다. 플라이

표 19. 제4기의 지질시대 세분

기(Period)	세(Epoch)	절(Age)	기준이 된 표준화석 또는 사건/ 황금못의 위치 (황금못의 시작)
제4기 (Quaternary)	홀로 (Holocene)	메갈라야 (Meghalayan)	산소동위원소 비 변화/인도 북부 석회동굴 Mawmluh (4250년 전)
		노스그립 (Northgrippian)	한냉한 기후/그린란드 빙하코어 NGRIP1 (8236년 전)
		그린란드 (Greenlandian)	후기 드리아스 한랭기 끝난 직후/ 그린란드 빙하코어 NGRIP2 (1만 1700년 전)
	플라이스토 (Pleistocene)	제4절 (Fourth Age)	마지막 빙기 직전의 간빙기(?)/미확정 (12만 9000년 전)
		지바 (Chibanian)	Ontake-Byakubi 화산재층/일본 Chiba 단면 (77만 4100년 전)
		칼라브리아 (Calabrian)	부니층 'e' (MPRC-176)/이탈리아 Vrica 단면 (180만 년 전)
		젤라 (Gelasian)	부니층 Nicola bed (MPRC-250)/시칠 리아 Monte San Nicola (258만 년 전)

스토세는 19세기 후반부터 3개의 시대로 나뉘어 전기, 중기, 후기 플라이스토세로 쓰였다.

그런데 21세기 들어 플라이스토세를 3개의 아세로 나눈 제안이 받아들여져 2020년 국제지질과학연맹의 승인을 받았다(Head et al., 2021). 이에 따라 플라이스토세는 전기 플라이스토 아세, 중기 플라이스토 아세, 후기 플라이스토 아세로 나뉜다. 전기 플라이스토 아세는 젤라절과 칼라브리아절, 중기 플라이스토 아세는 지바절, 그리고 후기 플라이스토 아세는 아직 공식적인 이름이 정해지지 않은 '제4절'을 포함한다. 플라이스토세는 258만 년 전에서 1만 1700년 사이의 기간이다.

젤라절: 젤라절Gelasian Age이 새로운 지질시대로 등장한 때는 1996년으로 당시에는 플라이오세의 마지막 절節로 다루어졌었다(Rio et al., 1998). '젤라'라는 이름은 시칠리아 남부의 작은 도시 젤라Gela에서 따왔다. 이에 앞서 Rio et al.(1991)은 지중해 연안의 플라이오세-전기 플라이스토세의 층서를 종합적으로 다룬 논문에서 플라이오세를 3개의 절 — 장클레절, 피아첸차절, 그리고 '후기 플라이오세에 해당하는 절' — 로 나누는 제안을 했었는데, 1996년에 이르러서 후기 플라이오세에 해당하는 시대에 '젤라절'이라는 이름을 붙였다.

젤라절의 명명과 함께 제시된 황금못은 젤라에서 북쪽으로 약 10킬로미터 떨어진 몬테 산 니콜라 단면에서 니콜라층 위에 놓인 이회암층의 바닥으로 정해졌다. 니콜라층은 MPRC-250번에 해당한다. 이 황금못 층준은 해양 산소동위원소 층서 MIS-103번과도 일치하는 것으로 알려졌다. 1996년 황금못이 제안되었던 당시에는 황금못 층준 1미터 아래에 가우스 정자극기와 마쓰야마 역자극기의 경계가 있는 것으로 보고되었다.

그 후, 제4기가 지질시대의 한 구성원으로서의 존폐 위기를 넘긴 뒤에 2009년 제4기의 새로운 황금못으로 젤라절의 황금못이 채택되었다(Gibbard and Head, 2010). 이때 밝혀진 새로운 내용은 젤라절의 황금못이 빙하시대의 시작뿐만 아니라 가우스 정자극기에서 마쓰야마 역자극기로 바뀌는 시점과 일치한다는 사실이었다. 젤라절은 258만 년 전에서 180만 년 전까지의 기간이다.

칼라브리아절: 칼라브리아절Calabrian Age이 문헌에 처음 등장한 때는 1910년으로 프랑스의 지질학자 지누Maurice Gignoux(1881-1955)가 이탈리아 남부 및 시칠리아의 플라이오세와 제4기 지층을 자세히 소개하는 논문에서 사용되었다(Gignoux, 1910). 그 후, 칼라브리아절은 오랫동안 제4기의 첫 번째 지질시대로 받아들여졌다.

칼라브리아절의 황금못이 확정된 때는 1985년으로 이탈리아

MPRC

MPRC는 'Mediterranean Precession-Related Cycle'의 약어로 지구의 세차운동과 관련되어 지중해 지역 지층에서 관찰된 퇴적주기를 현재를 기점으로 역순으로 표기한 것이다. 세차운동이란 지구의 공전궤도가 타원을 이루고, 지구의 자전축이 지구공전궤도면에 대해서 기울어져 있기 때문에 일어나는 현상을 말한다. 따라서 북반구가 겨울철일 때 지구가 태양에 더 가깝기도 하고, 또 어떤 때는 여름철일 때 태양에 더 가깝기도 하다. 이 변동주기는 평균 2만 1000년으로 알려졌다.

MIS

MIS는 'Marine Isotope Stage'의 약어로 '해양 산소동위원소 층서'로 번역할 수 있다. 빙하시대 동안에 쌓였던 해양 퇴적물에 들어 있는 유공충 골격의 산소동위원소 비율이 주기적으로 변동하는 양상을 보여 주는데, 산소동위원소 비율이 낮은 시기는 따뜻한 시기로 간빙기에 해당하며, 산소동위원소 비율이 높은 시기는 추웠던 시기로 빙기를 의미한다. 해양 산소동위원소 층서는 현재의 간빙기를 1로 정한 다음, 시대의 역순으로 번호를 붙였다. 간빙기에는 홀수 그리고 빙기에는 짝수를 사용했다.

남부 칼라브리아Calabria주의 크로토네Crotone에 속한 브리카Vrica 단면에서 정해졌다(Aguirre and Pasani, 1985). 이때, 칼라브리아절의 황금못은 플라이스토세의 황금못 그리고 동시에 제4기의 황금못으로 채택되었다. 하지만 당시 제4기학자들은 칼라브리아절을 플라이스토세의 시작 바꾸어 말하면 제4기의 시작으로 받아들이기를 주저했는데, 소위 '빙하시대'가 칼라브리아절보다 훨씬 앞서 시작되었다는 사실을 알고 있었기 때문이다. 그래서 제4기(또는 플라이스토세)의 새로운 황금못으로 젤라절의 황금못이 결정된 후(Gibbard and Head, 2010), 칼라브리아절은 플라이스토세의 두 번째 절이 되었다(Cita et al., 2012). 칼라브리아절의 황금못은 이탈리아 남부의 브리카 단면에서 부니층 'e'(MPRC-176번)의 상단으로 정해졌으며, 칼라브리아절은 180만 년 전에서 77만 4100년 전까지의 기간이다.

지바절: 지바절Chibanian Age은 2020년에 플라이스토세의 세 번째 절로 공인되었으며(Suganuma et al., 2021), 아울러 중기 플라이스토아세도 공인되었다(Head et al., 2021). 전기 플라이스토 아세에서 중기 플라이스토 아세로 넘어가는 과정에서 눈에 띄는 변화는 기후변동주기다. 기후변동주기가 전기 플라이스토 아세에는 4만 1000년 주기였는데, 중기 플라이스토 아세에 10만 년 주기로 바뀌었다. 이 구간에서 일어났던 또 다른 중요한 변화는 마쓰야마 역자극기에서 브루느Brunhes 정자극기로 바뀌는 점이다. 일찍이 고지자기학자들 사이에서는 이러한 변화가 중요하다는 인식이 퍼져 있었고, 2004년 이탈리아 피렌체에서 열린 국제지질학총회에서 중기 플라이스토 아세의 황금못을 마쓰야마 역자극기-브루느 정자극기 경계 부근에 두어

야 한다는 의견이 지배적이었다.

이 총회에서 전기-중기 플라이스토세 경계연구회가 구성되었고, 10여 년에 걸친 연구 끝에 이 시대의 황금못으로 일본 보소房總반도의 한가운데를 흐르는 요로養老, Yoro 강변에 위치한 지바千葉, Chiba 단면이 선정되었다. 그래서 '지바절'이라는 이름이 붙여졌고, 지바절의 황금못은 지바 단면의 온타케-바이아쿠비Ontake-Byakubi 테프라tephra(화산에서 분출한 물질이 쌓인 퇴적물)층으로 정해졌으며, 황금못 바로 위 1.1미터 층준에 마쓰야마 역자극기-브루느 정자극기 경계가 있음이 알려졌다(Suganuma et al., 2021). 지바절은 77만 4100년 전에서 12만 9000년 전까지의 기간이다.

제4절: 플라이스토세의 마지막 시대인 '제4절Fourth Age'은 아직 황금못이 정해지지 않았으며, 따라서 공식적인 명칭이 없다. 그럼에도 불구하고 후기 플라이스토 아세는 공인되었고(Head et al., 2021), '제4절'의 황금못이 어딘가에 정해지면 자동적으로 후기 플라이스토 아세의 황금못도 정해질 것이다. 그런데 '제4절'의 시작은 개념적으로 명확해 마지막 빙기last glacial period 직전의 간빙기가 시작하는 시점이다. 이 간빙기는 지역에 따라 다른 이름으로 불리고 있다. 북유럽에서는 엠Eem 간빙기, 북아메리카에서는 상거먼Sangamon 간빙기, 영국에서는 입스위치Ipswich 간빙기, 그리고 중부 유럽에서는 리스-뷔름Riss-Würm 간빙기로 알려져 있다.

이 간빙기의 시작은 해양 산소동위원소 층서 제5번MIS-5의 시점과 같다. 지금 우리가 살고 있는 시대가 마지막 간빙기MIS-1이므로 '제4절'은 마지막 빙기와 그 직전의 간빙기(MIS-2에서 MIS-5까지의 기간)를 아우르는 시대인 셈이다. 현재, '제4절'의 황금못 후보로 이탈리아의 타란토Taranto 지역과 남극대륙의 빙하 코어 시료가 경쟁하고 있다. '제4절'은 12만 9000년 전에서 1만 1700년 전까지의 기간이다.

2) 홀로세

홀로세Holocene Epoch는 원래 홍수가 끝난 후에 쌓인 퇴적층이라는 해석을 바탕으로 프랑스의 고생물학자 제르베Paul Gervais(1816-1879)가 제안한 이름이다(Gervais, 1867-1869). 홀로세의 'Holo-'는 '완전하다'는 뜻이고, '-cene'은 '새롭다'는 뜻으로 '완전히 새로운' 시대다.

지질시대의 마지막 세인 홀로세는 그 기간이 무척 짧기 때문에 정확한 나이를 측정하기가 어려웠다. 그래서 대부분의 교과서에서 홀로세의 시작을 약 1만 년 전으로 소개하고 있다. 그런데 빙하도 퇴적층처럼 쌓였기 때문에 빙하 시추공試錐孔 시료에서 홀로세의 황금못을 정할 수 있었다. 홀로세의 황금못은 2008년 그린란드의 빙하 시추공 NGRIP2의 심도 1492.25미터에서 정해졌다(Walker et al., 2008)(NGRIP는 North Greenland Ice Core Project의 약어로 그린란드섬의 거의 한가운데서 빙하 시료를 시추하는 연구 프로젝트였다. 시추작업은 1999년에 시작해 2003년에 마쳤고, 빙하 시료는 현재 코펜하겐 대학에 보관 중이다). 이에 따라 홀로세의 시작은 서기 2000년을 기준으로 1만 1700년 전으로 정해졌으며, 후기 드리아스Younger Dryas 한랭기(12,900만 년 전에서 11,700년 전 사이의 추웠던 기간)가 끝난 직후 따뜻해지기 시작한 시점에 해당한다. 2018년에 홀로세는 3개의 아세와 3개의 절로 나뉘었는데(Walker et al., 2018), 전기 홀로 아세와 그린란드절, 중기 홀로 아세와 노스그립절, 그리고 후기 홀로 아세와 메갈라야절이다.

그린란드절: 그린란드절Greenlandian Age의 황금못은 홀로세의 황금못과 같다. 그린란드절이 명명된 것은 2018년이므로 홀로세 황금못이 확정된 후 10년이 흘러 홀로세를 3개의 절로 세분하는 과정에서 전기 홀로세에 해당하는 시대명이 정해졌다(Walker et al., 2018). 홀로세의 황금못이 그린란드 빙하에서 정해졌기 때문에 '그린란드'라는 이름이 붙여졌다. 그린란드절의 지속기간은 1만 1700년 전에서 8236년 전까지다.

노스그립절: 노스그립절Northgrippian Age은 2018년 그린란드절과 함께 명명되었으며, 그 이름은 빙하 시추공의 이름 'North GRIP'에서 따왔다. 노스그립절의 황금못 역시 그린란드의 빙하 시추공 NGRIP1의 심도 1228.67미터에서 정해졌는데(Walker et al., 2018), 그 시기는 약 8200년 전으로 비교적 따뜻했던 그린란드절이 끝나고 잠시 추워졌던 시점이다. 이처럼 추워진 현상은 북아메리카 대륙의 가운데에 있었던 거대한 빙하호의 물이 북대서양으로 흘러들어 가면서 일어난 것으로 알려졌다. 노스그립절의 지속기간은 8236년 전에서 4250년 전까지다.

메갈라야절: 메갈라야절Meghalayan Age은 2018년 그린란드절 그리고 노스그립절과 함께 명명되었으며, 그 이름은 황금못이 위치한 인도 북동부 메갈라야Meghalaya주에서 따왔다. 메갈라야절의 황금못은 메갈라야주의 작은 마을 체라푼지Cherrapunji 부근에 있는 석회동굴 맘루Mawmluh에서 채취한 석순石筍 KM-A의 꼭대기에서 아래로 7.45밀리미터 지점으로 정해졌다(Walker et al., 2018). 황금못의 시기는

4250년 전으로 정해졌는데, 이 시점부터 200-300년 동안 강수량이 줄어들어 전 세계적으로 급격한 사막화가 진행되었으며, 이 때문에 초기 인류 문명이 심각한 타격을 받은 것으로 알려진다.

3) '인류세'의 문제

요즈음 '인류세Anthropocene'라는 용어가 국제적으로 큰 주목을 받고 있다. '인류세'는 2000년 멕시코에서 열렸던 국제지권생물권계획International Geosphere-Biosphere Program 회의에서 독일의 대기화학자로 노벨상을 수상했던 크루첸Paul Crutzen 교수에 의해 제안되었다. 그는 18세기 후반 유럽에서 일어났던 산업혁명과 함께 활발해진 인류의 활동에 의해 수권, 기권, 생물권이 크게 변했음을 강조하는 의미에서 '인류세人類世'를 홀로세 다음의 지질시대로 설정할 것을 주장했다(Crutzen, 2002). 특히 그는 빙하 시추공 시료에서 18세기 후반부터 대기 중 이산화탄소와 메탄의 함량이 갑자기 증가하기 시작한 양상에 주목해 산업혁명 — 구체적으로 제임스 와트가 증기기관을 발명했던 서기 1784년 — 을 인류세의 시점으로 제시했다.

그 후, 국제제4기층서위원회는 인류세연구그룹Anthropocene Working Group을 구성해 '인류세'를 지질시대에 포함시킬 것인지에 대한 타당성 조사에 나섰다. 인류세연구그룹은 몇 년에 걸친 연구를 바탕으로 '인류세'를 홀로세 다음의 지질시대로 채택하는 것이 바람직하다는 결론을 내렸다. 하지만 그 시점은 산업혁명이 아니라 제2차 세계대전이 끝난 20세기 중엽으로 정해야 한다는 주장을 펼쳤다. 그 배경은 제2차 세계대전을 기점으로 여러 가지 환경 지수(CO_2, CH_4, NO_X 등)에 큰 변화가 관측되었기 때문이다. 그들은 이 시기에 일어났던 환경변화를 '급가속Great Acceleration'이라고 불렀다(Head, 2019). 특히, 인류세의 시작을 정하는 기준으로 핵폭탄 실험 후에 남겨진 플루토늄-238의 양이 급격히 증가한 1952년을 중요하게 여겼다. 이들의 제안을 받아들인다면, 인류세는 100년 미만의 무척 짧은 시대가 될 것이다.

'인류세'라는 용어는 지질학 영역에 속하지만, 지금은 인문학과 사회과학 분야의 문헌에서 오히려 더 많이 접할 수 있다. 인류세는 인간의 산업 활동에 의해 지구 환경에 큰 변화가 일어났음을 강조하는 용어다. 따라서 사회적·환경적 문제를 돋보이게 하는 데 인류세처럼 함축적인 용어가 없어 보인다. 그래서 '인류세'라는 용어가 빠르게 전 세계로 퍼져나간 듯하다.

한편으로는 지질학자들 중에는 '인류세'를 지질시대의 하나로 받아들이기 싫어하는 사람들이 있다. 어쩌면 2018년에 국제층서위원회가 서둘러 홀로세를 3개의 아세와 절로 구분한 것은 그러한 분위기를 반영한 것일지도 모른다. 하지만 국제층서위원회의 결정에 반대의 목소리를 내는 학자들도 있기 때문에 '인류세'의 문제는 앞으로도 한동안 뜨거운 논쟁을 이어 갈 것으로 보인다.

요약

제4기는 신생대의 세 번째 지질시대이며, 지구 역사의 마지막 기로 258만 년 전부터 지금까지의 기간이다. 제4기는 보통 빙하시대로 불리기도 한다. 제4기의 황금못은 시칠리아 남부의 작은 도시 젤라에서 북쪽으로 약 10킬로미터 떨어진 몬테 산 니콜라 단면에서 니콜라층 위에 놓인 이회암층의 바닥으로 정해졌다. 이 층준은 가우스 정자극기에서 마쓰야마 역자극기로 바뀌는 경계이기도 하다. 제4기는 플라이스토세와 홀로세로 나뉜다. 플라이스토세는 젤라절, 칼라브리아절, 지바절, '제4절', 그리고 홀로세는 그린란드절, 노스그립절, 메갈라야절로 이루어진다.

참고문헌

Agassiz, L., 1840, *Etudes sur les glaciers*, Neuchâtel.

Aguirre, E. and Pasani, G., 1985, "The Pliocene-Pleistocene boundary," *Episodes*, 8, 116-120.

Cita, M.B., Gibbard, P.L., Head, M.J., and ISQS, 2012, "Formal ratification of the GSSP for the base of the Calabrian Stage (second stage of the Pleistocene Series, Quaternary System)," *Episodes*, 35, 388-397.

Crutzen, P.J., 2002, "Geology of mankind," *Nature*, 415, 23.

Desnoyers, J., 1829, "Observations sur un ensemble de dépôts marins plus récents que les terrains tertiaires du bassin de la Seine, et constituant une formation géologique distincte: précedées d'un aperçu de la non-simultanéité des bassins tertiaires," *Annales scientifiques naturelles*, 16, 171-214.

Gervais, P., 1867-1869, "Zoologie et paléontologie générales," In: *Nouvelles Recherches sur les Animaux Vertébrés et Fossiles*, Vol. 2, Bertrand.

Gibbard, P.L., 2019, "Giovanni Arduino-the man who invented the Quaternary," *Quaternary International*, 500, 11-19.

Gibbard, P.L. and Head, M.J., 2010, "The newly-ratified definition of the Quaternary System/Period and redefinition of the Pleistocene Series/Epoch, and comparison of proposals advanced prior to formal ratification," *Episodes*, 33, 152-158.

Gignoux, M., 1910, "Sur la classification du Pliocène et du Quaternaire dans l'Italie du Sud," *Comptes Rendus de l'Académie des Sciences*, 150, 841-844.

Gradstein, F.M., Ogg, J.G., and Smith, A.G. (eds.), 2004, *A Geologic Time Scale 2004*, Cambridge University Press.

Head, M.J., 2019, "Formal subdivision of the Quaternary System/Period: Present status and future directions," *Quaternary International*, 500, 32-51.

Head, M.J. and Gibbard, P.L., 2015, "Formal subdivision of the Quaternary System/

Period: Past, present and future," *Quaternary International*, 383, 4-35.

Head, M.J., Pillans, B., Zalasiewics, J.A., and ISQS, 2021, "Formal ratification of subseries for the Pleistocene Series of the Quaternary System," *Episodes*, 44, 241-247.

Rio, D., Sprovieri, R., and Thunell, R., 1991, "Pliocene-lower Pleistocene chrono-stratigraphy: A re-evaluation of Mediterranean type sections," *Geological Society of America Bulletin*, 103, 1049-1058.

Rio, D., Sprovieri, R., Castradori, D., and Di Stefano, E., 1998, "The Gelasian Stage (Upper Pliocene): a new unit of the global standard chronodtratigraphic scale," *Episodes*, 21, 82-87.

Suganuma, Y. et al., 2021, "Formal ratification of the Global Boundary Stratotype Section and Point (GSSP) for the Chibanian Stage and Middle Pleistocene Subseries of the Quaternary System: the Chiba Section, Japan," *Episodes*, 44, 317-347.

Walker, M. et al., 2008, "The Global Stratotype Section and Point (GSSP) for the base of the Holocene Series/Epoch (Quaternary System/Period) in the NGRIP ice core," *Episodes*, 31, 264-267.

Walker, M. et al., 2018, "Formal ratification of the subdivision of the Holocene Series/Epoch (Quaternary System/Period): two new Global Boundary Stratotype Sections and Points (GSSPs) and three new stages/subseries," *Episodes*, 41, 213-223.

제16장

한반도 지질계통

한반도에는 신시생대부터 신생대에 이르기까지 다양한 시대의 다양한 암석이 분포하고 있다. 암석은 크게 화성암, 퇴적암, 변성암으로 나뉘는데, 한반도에는 화성암, 퇴적암, 변성암이 대략 1/3씩 차지하며 고루 분포한다. '지질계통地質系統'이란 어느 지역의 암석을 종류와 지질시대에 따라 체계적으로 정리한 내용이다. 그림 3은 필자가 그동안 연구한 내용을 바탕으로 정리한 한반도의 지질계통이다.

한반도를 크게 세 부분으로 나누어 북부지괴, 중부지괴, 남부지괴로 구분한 다음, 각 지괴에 분포하는 암석을 시대순에 따라 정리했다. 중생대 이전에 북부지괴와 남부지괴는 중한랜드에 속했으며, 중부지괴는 남중랜드에 속했다. 세 지괴는 중생대 초에 중한랜드와 남중랜드가 충돌하면서 합쳐져 오늘날 한반도의 모태를 이루었다(자세한 내용은 최덕근(2014) 참조).

1. 지질 개요

한반도를 이루고 있는 암석은 크게 신시생대·고원생대 변성암류, 신원생대 이후의 퇴적암류, 그리고 현생누대 화성암류로 나눌 수 있다. 신시생대·고원생대 변성암류는 한반도의 바탕을 이루

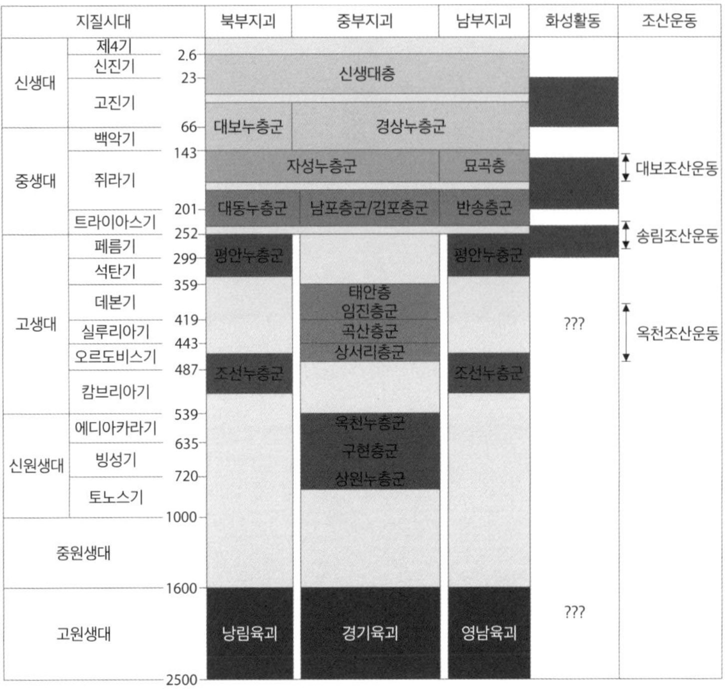

그림 3. 한반도 지질계통 요약(지질시대에 표기된 숫자의 단위는 100만 년 전)

며, 함경도와 평안도 일대, 경기도와 강원도 북부, 그리고 소백산맥을 따라 분포한다. 이처럼 오랜 암석이 분포하는 지역은 육괴陸塊로 불리며, 한반도에는 북쪽으로부터 낭림육괴(관모육괴와 마천령대 포함), 경기육괴, 영남육괴가 있다. 이 육괴들은 결정질 기반암과 그 위를 덮는 퇴적암류로 이루어지며, 대부분 25억-18억 년 전에 생성되었다.

신시생대·고원생대 변성암류로 이루어진 육괴 사이는 신원생대와 고생대 퇴적암과 화산암들이 채우고 있다. 신원생대 변성퇴적암과 변성화산암은 주로 임진강대(황해도와 강원도 북부)와 충청분지(충청도와 전라도 일대)에 분포한다. 임진강대에 분포하는 신원생대층은 상원누층군과 구현층군, 그리고 충청분지에 분포하는 신원생대층은 옥천누층군으로 불린다.

강원도 남부와 평안남도에는 하부 고생대층과 상부 고생대층이 분포하며, 황해도 남부와 충청남도 안면도 일대에는 중부 고생대층이 소규모로 노출되어 있다. 하부 고생대층(캄브리아-오르도비스기)은 조선누층군朝鮮累層群으로 불리며, 얕은 바다에서 쌓인 탄산염암-규질쇄설암 혼합층이다. 중부 고생대층에는 상서리층군(오르도비스기), 곡산층군(실루리아기), 임진층군(데본기), 태안층(데본기) 등이 있으며, 이들은 강과 호수, 얕은 바다 그리고 깊은 바다에 이르기까지 다양한 환경에서 쌓인 것으로 알려졌다. 상부 고생대층(석탄-페름기)은 평안누층군平安累層群으로 불리며, 얕은 바다와 강 그리고 호수에서 쌓인 쇄설성 퇴적암으로 이루어진다. 평안누층군은 조선누층군 위에 거의 평행부정합 관계로 놓여 있으며, 이 부정합은 약 1억 4000만 년의 기간에 해당하는 '고생대 대결층大缺層'으로 알려져 있다. 조선누층군과 평안누층군이 분포하는 지역은 평안남도와 강원도 남부의 두 지역으로 나뉘는데, 이들은 각각 평남분지와 태백산분지라고 불린다.

중생대에 들어서면서 한반도에 격렬한 조산운동이 일어났는데, 이는 중한랜드와 남중랜드의 충돌 때문이었다. 첫 번째 조산운동은 트라이아스기 송림조산운동으로 변형작용과 함께 화강암이 관입했고, 소규모 퇴적분지들이 곳곳에 만들어져 대동누층군이 쌓였다. 대동누층군大同累層群은 육성퇴적층으로 평안남도와 황해도(송림산층군), 경기도(김포층군), 충청남도(남포층군), 강원도(반송층군) 일대에 분포하고 있다. 송림조산운동에 이어 쥐라기에는 대보조산운동이 일어났으며, 이때 한반도 곳곳에 화강암이 생성되었다. 이 두 번에 걸친 조산운동으로 중생대 이전의 암석들은 강한 변형과 변성작용을 겪었다.

쥐라기 후반과 백악기에 한반도 곳곳에 크고 작은 육성 퇴적분지들이 형성되었고, 이 퇴적분지에 묘곡층(북한 지역의 자성누층군 포함)과 경상누층군(북한 지역의 대보누층군 포함)이 쌓였다. 특히 백악기에는 쇄설성 퇴적암, 화산쇄설암, 화산암으로 이루어진 육성퇴적층이 두껍게 쌓였다. 이 중 규모가 가장 큰 것이 경상도 지방에 자리 잡았던 경상분지였다. 백악기에 남부 지방을 중심으로 활발했던 화성활동은 고진기로 이어졌다. 신진기에 접어들어 일본열도가 아시아 대륙으로부터 떨어져 나간 자리에 동해가 탄생했고, 이때 바다 주변에 쌓인 신진기 퇴적층(육성층과 해성층)이 동해 연안을 따라 소규모로 드러나 있다.

2. 한반도의 지사 요약

지체구조적으로 신시생대·고원생대 기간에 낭림육괴와 영남육괴는 중한랜드 그리고 경기육괴는 남중랜드에 속했던 것으로 생각되지만, 이들 육괴의 지사地史에 관한 구체적인 내용은 밝혀지지 않았다. 아래에 암석층서와 생층서 그리고 시간층서와 관련해 비교적 많은 연구가 이루어진 신원생대 옥천누층군, 전기 고생대 조선누층군, 후기 고생대 평안누층군을 중심으로 지사를 기술했다.

1) 신원생대

옥천누층군은 옥천대 남서쪽에 분포하는 변성 퇴적암층으로 이 누층군의 층서와 지질시대에 관한 논란이 오랫동안 이어져 왔고, 아직도 모든 사람들이 받아들이는 층서는 확립되지 않았다. 옥천누층군에 관한 연구는 1960년대 중반 충주 도폭과 황강리 도폭에 대한 지질조사로부터 시작되었다. 이 지질조사에서 옥천누층군의 층서가 처음 제안되었는데, 하부로부터 고운리층, 서창리층, 북노리층, 명오리층, 황강리층, 문주리층 순이었다. 계명산층, 향산리돌로마이트층, 대향산규암층은 층서적으로 서창리층에 대비되었다(이민성·박봉순, 1965). 고운리층은 조선누층군의 오르도비스기 석회암층에 대비되었고, 이에 따라 고운리층 위에 놓이는 층들의 지질시대는 오르도비스기 이후의 고생대로 정해졌다.

하지만 김옥준(1968)은 옥천누층군을 하부로부터 계명산층, 향산리돌로마이트층, 대향산규암층, 문주리층, 황강리층(명오리층과 북노리층 포함)으로 구분한 다음, 옥천누층군이 모두 원생대에 속한다고 주장했다. 반면 손치무(1970)는 옥천누층군을 충주층군과 옥천층군으로 나누었고, 옥천누층군이 조선누층군 위에 놓이는 것으로 해석해 옥천누층군의 지질시대를 오르도비스기 이후로 생각했다. 이와 달리, Reedman et al.(1973)은 옥천층군은 원생대 그리고 충주층군은 하부 고생대(캄브리아기-오르도비스기)에 속한다고 제안했다.

한편, Choi et al.(2012)은 옥천누층군의 층서를 수정하고, 옥천누층군의 지질시대가 모두 신원생대에 속함을 보여 주었다(표 20). 옥천누층군이 쌓였던 퇴적분지를 충청분지로 명명했고, 옥천누층군을 충주층군과 수안보층군으로 나누었다. 충주층군은 계명산층, 향

표 20. 신원생대 옥천누층군의 층서 종합

<table>
<tr><th colspan="4">지질시대</th><th colspan="3">충청분지</th></tr>
<tr><th>대</th><th>기</th><th>세</th><th>절</th><th>누층군</th><th>층군</th><th>층</th></tr>
<tr><td rowspan="10">신원생대</td><td rowspan="5">에디아카라기</td><td rowspan="3">후기 세</td><td>최후기 절</td><td rowspan="10">옥천 누층군</td><td rowspan="7">수안보층군</td><td rowspan="3">고운리층</td></tr>
<tr><td>제4절</td></tr>
<tr><td>제3절</td></tr>
<tr><td rowspan="2">전기 세</td><td>제2절</td><td>명오리층 (서창리멤버)</td></tr>
<tr><td>제1절</td><td>명오리층 (금강석회암멤버)</td></tr>
<tr><td>빙성기</td><td></td><td></td><td>황강리층</td></tr>
<tr><td rowspan="4">토노스기</td><td rowspan="4"></td><td rowspan="4"></td><td>문주리층</td></tr>
<tr><td rowspan="3">충주층군</td><td>대향산규암층</td></tr>
<tr><td>향산리 돌로마이트층</td></tr>
<tr><td>계명산층</td></tr>
</table>

산리돌로마이트층, 대향산규암층으로 이루어지고, 수안보층군에 문주리층, 황강리층, 명오리층(금강석회암멤버+서창리멤버), 고운리층을 포함했다. 이러한 층서를 제안한 배경에는 황강리층이 신원생대 눈덩이지구 빙하시대(빙성기)에 쌓였던 퇴적층 그리고 바로 위에 놓이는 명오리층의 금강석회암멤버는 눈덩이지구 빙하시대가 끝난 직후에 쌓인 덮개석회암이라는 해석에 바탕을 두고 있다.

옥천누층군의 최하부층인 계명산층은 토노스기 중엽(약 8억

5000만 년 전) 충청분지가 맨 처음 열렸을 때 일어났던 화산활동에 의해 쌓였으며, 그 후 화산활동이 조용했던 기간에 향산리돌로마이트층과 대향산규암층이 쌓였다. 토노스기 후반(약 7억 5000만 년 전)에 다시 활발해진 화산활동에 의해 문주리층이 쌓였고, 문주리층 위에 놓이는 황강리층은 신원생대 눈덩이지구 빙하시대에 쌓인 빙하퇴적층으로 해석해 빙성기(7억 2000만 년 전-6억 3500만 년 전)의 지층으로 다루었다. 황강리층 바로 위에 놓이는 명오리층 금강석회암멤버는 눈덩이지구 빙하시대가 끝난 직후(6억 3500만 년 전) 에디아카라기 제1절에 쌓인 덮개석회암층이며, 금강석회암멤버 위에 놓이는 암회색-흑색의 슬레이트/천매암으로 이루어진 명오리층 서창리멤버는 에디아카라기 제2절에 쌓였다. 옥천누층군 최상부 고운리층은 얕은 바다에서 쌓인 탄산염암으로 남중국의 층서와 대비해 에디아카라기 후기 세에 속하는 것으로 추정했다.

2) 전기 고생대(캄브리아기-오르도비스기)

태백산분지의 전기 고생대 퇴적암은 조선누층군으로 불리며, 이에 대비되는 지층들이 북한의 평남분지와 북중국 곳곳에 분포한다. 일찍이 태백산분지의 조선누층군은 지역에 따른 암상의 차이에 의해 5개 형型으로 나뉘어 두위봉형-, 영월형-, 정선형-, 평창형-, 문경형-조선누층군으로 구분되었다(Kobayashi, 1966). 하지만 Choi(1998)는 그러한 구분이 국제층서규약에 맞지 않는 점을 고려해 그들을 각각 태백층군, 영월층군, 용탄층군, 평창층군, 문경층군으로 부를 것을 제안했다. 한편 최덕근(2014)은 용탄층군과 평창층군을 태백층군의 횡적 변화상으로 취급해 조선누층군을 태백층군,

영월층군, 문경층군으로 나누었다. 조선누층군의 암석층서, 생층서, 지질시간층서를 종합한 자료를 표 21에 실었다.

태백층군은 태백산분지의 북동부 지역에 넓게 분포한다. 태백층군은 직동아층군과 상동아층군으로 나뉘며, 직동아층군은 하부로부터 장산층/면산층, 묘봉층, 대기층, 세송층, 화절층으로 그리고 상동아층군은 동점층, 두무골층, 막골층, 직운산층, 두위봉층으로 이루어진다. 태백층군은 고원생대 변성퇴적암이나 화강편마암 위에 부정합으로 놓이며, 이는 다시 상부 고생대 평안누층군의 만항층에 의해 부정합으로 덮인다. 태백층군에서는 총 22개의 삼엽충 생층서대가 인지되었으며, 태백층군의 지질시대는 캄브리아기 제2세 제3절에서 중기 오르도비스기 다리윌절에 속한다. 캄브리아기와 오르도비스기의 경계는 동점층 최하부에 존재한다(표 21).

영월층군은 태백산분지의 서반부에 넓게 분포하는 것으로 알려져 있다(Choi, 1998). 하지만 제천과 단양 일대의 조선누층군은 구조적으로 매우 심한 변형을 받았고 부분적으로 영월층군의 층서를 적용하기 어려운 점에서 이 지역은 독자적 층서를 가질 가능성이 크다. 영월층군은 하부로부터 삼방산층, 마차리층, 와곡층, 문곡층, 영흥층으로 이루어진다. 최하부층인 삼방산층은 모두 쇄설성 퇴적암으로 이루어진 반면, 상위의 네 층은 주로 탄산염암으로 이루어진다. 영월층군이 쌓인 기반암은 드러나 있지 않지만, 고원생대 암석 위에 부정합으로 놓일 것으로 생각되며, 이는 상부 고생대 평안누층군의 요봉층에 의해 부정합으로 덮인다. 영월층군에서는 총 19개의 삼엽층 생층서대가 인지되었으며, 영월층군의 지질시대는 캄브리아기 제2세 제3절에서 중기 오르도비스기 다리윌절에 걸친다. 캄브리

표 21. 전기 고생대 조선누층군의 층서 종합

지질시대			태백 지역			영월 지역			문경 지역	
기	세	절	층군, 층		삼엽충 생층서대	층군, 층		삼엽충 생층서대	층군, 층	
오르도비스기	후기	허난트							옥녀봉층	
		케이티								
		샌드비								
	중기	다리윌	태백층군	두위봉층		영월층군	영흥층		문경층군	석회암층
				직운산층	*Dolerobasilicus*					
		다핑		막골층						
	전기	플로		두무골층	*Kayseraspis*			*Kayseraspis*		
		트레마독			*Protopliomerops*		문곡층	*Shumardia*		
					Asaphellus			*Kainella*		
				동점층	*Richardsonella*			*Yosimuraspis*		
캄브리아기	푸롱	제10절			*Pseudokoldinioidea*		와곡층	*Fatocephalus*		
				화절층	*Eosaukia*		마차리층			
					Quadraticephalus					
					Asioptychaspis					
		지앙산		세송층	*Kaolishania*					
								Pseudoyuepingia asaphoides		
								Agnostotes orientalis		
		파이비						*Eochuangia hana*		
					Chuangia			*Eugonocare longifrons*		
					Prochuangia mansuyi			*Hancrania brevilimbata*		
								Proceratopyge tenuis		
					Fenghuangella laevis			*Glyptagnostus reticulatus*		
	미아오링	구장			*Liostracina simesi*			*Glyptagnostus stolidotus*		
					Neodrepanura					
				대기층	*Jiulongshania*					
		드럼			*Amphoton*			*Lejopyge armata*		
					Crepicephalina			*Ptychagnostus atavus*		
		울리우						*Ptychagnostus sinicus*		
								Tonkinella		
				묘봉층	*Bailiella*		삼방산층	*Megagraulos*		구랑리층
	제2세	제4절			*Mapania*			*Metagraulos*		
					Elrathia					
					Redlichia					
		제3절		장산층/면산층						

아기와 오르도비스기의 경계는 와곡층과 문곡층의 사이에 존재한다(표 21).

문경층군은 태백산분지의 남쪽 가장자리에 분포한다. 문경층군은 하부로부터 구랑리층, 마성층, 하내리층, 석교리층, 정리층, 도단리층으로 구분되었다(Kobayashi, 1966). 구랑리층은 규질 쇄설성 퇴적암으로 이루어지며, 그 상위의 층들은 모두 탄산염암으로 이루어진다. 하지만 그 후 연구자들은 그러한 층서를 인지하지 못했으며, 현재 문경층군은 하부의 구랑리층과 상부의 석회암층으로 나뉜다. 문경층군의 기반암은 드러나 있지 않지만, 고원생대 암석 위에 부정합으로 놓일 것으로 생각되며, 문경층군 위에 후기 오르도비스기의 옥녀봉층이 정합적(?)으로 쌓인 것으로 알려졌다. 문경층군에 대한 층서고생물학적 연구는 거의 이루어지지 않았지만, 문경층군의 지질시대는 캄브리아기 제2세 제3절에서 중기 오르도비스기 다리윌절에 속할 것으로 추정하고 있다(표 21).

태백산분지에서 퇴적작용이 시작된 때는 캄브리아기 제2세 제3절(약 5억 2000만 년 전)이었다. 태백산분지는 곤드와나 대륙의 가장자리에 있었던 내륙해의 하나인 조선해朝鮮海에 속했다. 캄브리아기 제2세 시작과 함께 전 지구적인 해수면 상승에 의해 지형적으로 낮은 곳이었던 곤드와나 대륙의 가장자리에 바닷물이 들어오면서 조선해가 탄생했다. 조선해에 처음에는 주로 쇄설성 퇴적물(지역에 따라 장산층/면산층, 삼방산층, 구랑리층)이 쌓이다가 캄브리아기 제3세(약 5억 900만 년 전)에 들어서면서 탄산염 퇴적물이 쌓이는 환경으로 바뀌었다. 그 후 구장절 중반(약 5억 년 전)에 조선해의 퇴적작용은 쇄설성 퇴적물과 탄산염 퇴적물 혼합상混合相으로 바뀐 다음, 캄브리아기가 끝날 무렵(4억 8700만 년 전) 영월 지역의 퇴적작용이 빨라지면서 조선해에는 전반적으로 얕고(수심 100m 미만) 평탄한 탄산염대지 환경이 조성되었다. 오르도비스기에 조선해는 전반적으로 수심이 얕은 바다였지만, 시대에 따라 수심과 염도가 오르내렸다. 태백산분지에서 전기 고생대 퇴적작용이 끝난 시점은 중기 오르도비스기 말(약 4억 6000만 년 전)이다(Choi, 2019a).

중기 오르도비스기 말, 태백산분지에서 전기 고생대 퇴적작용이 끝난 것은 중한랜드 주변의 판구조적 환경이 변했기 때문인 것으로 생각된다. 중기 오르도비스기에 중한랜드는 곤드와나 대륙의 가장자리에 조선해를 사이에 두고 오스트레일리아 대륙과 마주 보고 있었고, 남중랜드와는 젊은 해양인 허란賀蘭 해분을 사이에 두고 떨어져 있었다. 후기 오르도비스기에 접어들어 허란 해분의 해령이 곤드와나 대륙 쪽으로 전진하면서 곤드와나 대륙의 가장자리가 융기되었고, 이 과정에서 조선해도 육지가 되었다. 태백산분지에서는 문경 지역의 옥녀봉층을 제외하면 화산활동이 기록되지 않았는데, 이는 해령이 조선해 쪽으로 확장하지 않았음을 의미한다. 아마도 해령에 수직인 방향으로 변환단층이 생겨났고, 이 변환단층이 조선해를 가로지르면서 조선해는 융기되었으며, 그 결과 태백산분지에서 퇴적작용도 끝났을 것으로 추정했다. 문경 지역 옥녀봉층에 기록된 후기 오르도비스기(약 4억 5000만 년 전) 화산활동은 중한랜드가 곤드와나 대륙으로부터 떨어져 나간 시점이 오르도비스기 말이었음을 알려 주는 중요한 증거로 채택되었다(Cho et al., 2014).

3) 후기 고생대(석탄기-페름기)

한반도의 상부 고생대층은 평안누층군으로 불리며, 태백산분지에서는 여러 탄전 지역으로 나뉘어 분포한다. 여기에 속하는 탄전에는 삼척탄전, 영월탄전, 단양탄전, 강릉탄전, 정선탄전, 평창탄전, 갑산탄전, 문경탄전 등이 있다. 평안누층군은 북한 지역의 평남분지에도 넓게 분포한다.

평안누층군의 암석층서는 원래 북한의 평남분지에서 정해졌으며, 하부로부터 홍점통, 사동통, 고방산통, 녹암통으로 구분되었다. 평남분지의 평안누층군 암석층서는 태백산분지에도 그대로 적용되어 1960년대까지도 사용되었다. 그런데 Cheong(1969)은 평남분지의 층서를 태백산분지에 똑같이 적용하는 것은 옳지 않다는 생각에서 태백산분지(삼척탄전과 영월탄전을 중심으로)의 상부 고생대층에 대한 새로운 암석층서를 제안했다(표 22). 평안누층군은 얕은 바다와 육성 충적평야에서 쌓인 쇄설성 퇴적암과 약간의 석회암으로 이루어진다.

삼척탄전은 태백산분지 동남부에 위치한다. 삼척탄전 지역에서 평안누층군은 하부 고생대 태백층군 위에 평행부정합의 관계로 놓이며, 중생대 대동누층군 또는 경상누층군에 의해 경사부정합으로 덮인다. Cheong(1969)은 삼척탄전의 평안누층군을 하부로부터 만항층, 금천층, 장성층, 함백산층, 도사곡층, 고한층, 동고층으로 나누었다. 평남분지의 평안누층군과 대비했을 때, 만항층은 홍점통에, 금천층과 장성층은 사동통의 하부와 상부에, 함백산층, 도사곡층, 고한층은 각각 고방산통의 하부, 중부, 상부에, 그리고 동고층은 녹암통에 해당한다.

삼척탄전의 평안누층군 관련해 금천층과 장성층 사이에 약

표 22. 후기 고생대 평안누층군의 층서 종합

<table>
<tr><th colspan="3">지질시대</th><th colspan="2">삼척탄전</th><th colspan="2">영월탄전</th></tr>
<tr><th>기</th><th>세</th><th>절</th><th>층</th><th>방추충 생층서대</th><th>층</th><th>방추충 생층서대</th></tr>
<tr><td rowspan="9">페름기</td><td rowspan="2">러핑</td><td>창싱</td><td rowspan="6">동고층
고한층
도사곡층
함백산층</td><td rowspan="11"></td><td rowspan="6"></td><td rowspan="6"></td></tr>
<tr><td>우지아핑</td></tr>
<tr><td rowspan="3">과달루페</td><td>캐피탄</td></tr>
<tr><td>워드</td></tr>
<tr><td>로드</td></tr>
<tr><td rowspan="4">시스우랄</td><td>쿤구르</td></tr>
<tr><td>아르틴스크</td><td rowspan="8">금천-장성층</td><td>미탄층</td><td></td></tr>
<tr><td>사크마라</td><td rowspan="2">밤치층</td><td rowspan="2">Pseudoschwageriina-Pseudofusulina</td></tr>
<tr><td>아셀</td></tr>
<tr><td rowspan="9">후기석탄기</td><td rowspan="2">후기 펜실베이니아</td><td>그젤</td><td rowspan="5">판교층</td><td rowspan="2"></td></tr>
<tr><td>카시모프</td></tr>
<tr><td rowspan="6">중기 펜실베이니아</td><td rowspan="6">모스크바</td><td>Fusulina cylindrica domodedovi</td><td>Neostaffella-Fusulina</td></tr>
<tr><td>Neostaffella papilioformis</td><td rowspan="2">Beedeina</td></tr>
<tr><td>Neostaffella sphaeroidea</td></tr>
<tr><td rowspan="4">만항층</td><td>Pseudostaffella kimi</td><td rowspan="4">요봉층</td><td rowspan="3">Profusulinella</td></tr>
<tr><td>Beedeina mayensis</td></tr>
<tr><td>Eostaffella subsolana</td></tr>
<tr><td>전기 펜실베이니아</td><td>바쉬키르</td><td></td><td>Eostaffella-Pseudostaffella</td></tr>
</table>

2300만 년에 해당하는 준정합準整合이 있다는 주장이 흥미롭다. 이 준정합을 사이에 두고 금천층은 석탄기 모스크바절에 그리고 장성층은 페름기 아르틴스크절에 속하는 것으로 알려졌다. 하지만 Lee and Chough(2006)는 두 층의 경계부에서 암상이 점이적으로 변하고 두 층이 암상에 의해 구분되지 않는다는 관찰을 바탕으로 이들을 묶어 금천-장성층으로 수정했다.

영월탄전은 태백산분지 중부 영월 부근에 위치한다. 평안누층군은 동쪽으로 덕포리 충상단층과 서쪽으로 마차리 충상단층에 의해 감싸인 지역에 남북 방향으로 길게 배열되어 있다. 이곳의 평안누층군은 하부 고생대 영월층군의 영흥층 위에 부정합으로 놓여 있지만, 평안누층군의 최상부는 드러나지 않았다. 영월탄전 평안누층군은 하부로부터 요봉층, 판교층, 밤치층, 미탄층으로 나뉘었다. Lee(1992)는 영월탄전 지역의 판교층과 밤치층 사이에 약 800만 년에 해당하는 준정합이 있다고 보고했다. 영월탄전 평안누층군을 삼척탄전 평안누층군에 대비했을 때, 영월탄전에는 평안누층군 상부층, 즉 함백산층, 도사곡층, 고한층, 동고층에 해당하는 층들이 없다(표 22). 이처럼 영월탄전에 평안누층군 상부층들이 없는 이유는 마차리단층에 의해 미탄층 상위층들이 모두 깎여 없어졌기 때문인 것으로 생각된다.

태백산분지를 비롯해 중한랜드에서 퇴적작용이 다시 시작된 때는 석탄기 바쉬키르절(약 3억 2000만 년 전)이다. 평안누층군은 얕은 바다와 육성 충적평야에서 쌓인 두꺼운 쇄설성 퇴적층으로 이루어진다. 중기 고생대 기간에 중한랜드는 홀로 떠돌던 작은 대륙이었다. 석탄기 중엽, 북쪽에 있던 고아시아 해양판이 중한랜드 밑으로 섭입하기 시작하면서 중한랜드 북부에 안데스-형 화산호가 탄생했고, 이 화산호는 내몽고 고융기대古隆起帶로 불린다(Zhang et al., 2009). 내몽고 고융기대는 높은 산악지대로 그곳에서 생성된 침식퇴적물이 남쪽으로 쏟아져 내려 퇴적분지에 평안누층군을 쌓았다. 이 퇴적분지에 붙어 있던 얕은 바다는 평안해平安海로 명명되었으며, 이 평안해는 후기 고생대 고테티스 해양의 한 부분이었다. 평안누층군의 퇴적작용은 트라이아스기 초(약 2억 5000만 년 전)에 끝났는데, 그 원인은 중한랜드와 남중랜드의 충돌 때문이며, 임진강대를 따라 일어난 이 충돌에 의한 조산운동을 송림松林조산운동이라고 부른다(Choi, 2019b).

4) 중생대

동아시아가 트라이아스기에 일어났던 중한랜드와 남중랜드의 충돌에 의해 만들어졌다는 사실은 학계에서 잘 받아들여지고 있다. 하지만 한반도 형성과정과 관련해 세 가지 지체구조 모델이 경쟁하고 있는데, 여기서는 만입쐐기모델을 바탕으로 한반도 형성과정을 논했다(최덕근, 2014 참조). 만입쐐기모델은 기본적으로 임진강대를 따라 남중랜드가 중한랜드 아래로 섭입했다는 가정에 바탕을 둔 가설이다.

중한랜드와 남중랜드가 충돌할 때, 북한구조선을 따라 중부지괴가 북부지괴 밑으로 섭입하는 충돌양상이고, 남한구조선은 변환단층으로 중부지괴와 남부지괴가 서로 반대방향으로 미끄러지는 움직임이 일어났다. 그리고 중한랜드와 남중랜드가 완전히 합쳐진 후 일어났던 지구조운동은 새롭게 형성된 유라시아판과 고태평양판 사이의 상호작용을 반영하리라 추정된다. 충돌 이후 일어났던 지구조운동을 기존에 알려졌던 조산운동의 시기에 따라 나누어 생각해 보면 다음과 같다. 먼저 송림조산운동은 북부지괴와 중부지괴의 충돌에 의한 지구조운동으로 트라이아스기에 일어났다. 페름기 말에서 중기 트라이아스기(2억 2000만 년 전)에 한반도에서 일어났던 화성활동은 송림조산운동과 관련이 깊은 것으로 생각된다.

이어서 한반도에서 일어났던 조산운동은 대보大寶조산운동으로 불리는데, 그 활동시기가 아직 명확히 밝혀진 것은 아니지만 전기 쥐라기에서 늦으면 전기 백악기까지 고려할 수 있다. 대보조산운동시기의 화성활동은 2억 년 전에서 1억 6000만 년 전 사이에 활발했다가 그 후 5000만 년 동안은 무척 조용했기 때문에 쥐라기 동안에 한반도 주변의 판 운동 양상에 커다란 변화가 있었을 것으로 추정된다. 백악기에 일어났던 중요한 지질학적 사건으로 백악기 경상누층군을 쌓은 크고 작은 퇴적분지에서의 퇴적작용, 백악기 후기에 다시 활발해진 화성활동, 그리고 이 활동에 수반되었던 불국사변동 등을 들 수 있다.

5) 신생대

백악기의 화성활동이 고진기로 이어지기는 했지만, 신생대에 한반도 주변에서 일어났던 가장 중요한 사건은 올리고세 초(약 3000만 년 전)에 시작되었던 동해의 형성이다. 일본열도가 아시아 대륙으로부터 떨어져 나가는 과정에서 생겨난 골짜기에 처음에는 화산암과 육성 퇴적층이 쌓였고, 이후 이 골짜기에 바닷물이 들어와 동해가 탄생한 때는 마이오세 초인 약 2300만 년 전으로, 이 시기부터 신진기 해성층이 쌓이기 시작했다. 그러므로 오늘날 한반도의 모습이 완성된 것은 2000만 년 전 무렵이라고 말할 수 있다.

참고문헌

김옥준, 1968, 「충주-문경간의 옥천계의 층서와 구조」, 『광산지질』, 1, 35-46.

손치무, 1970, 「옥천층군의 지질시대에 관하여」, 『광산지질』, 3, 9-15.

이민성·박봉순, 1965, 「한국지질도, 황강리도폭(1:50,000)」, 국립지질조사소.

최덕근, 2014, 『한반도 형성사』, 서울대학교출판문화원, 277.

Cheong, C.H., 1969, "Stratigraphy and paleontology of the Samcheog coalfield, Gangweondo, Korea," *Journal of the Geological Society of Korea*, 5, 13-56.

Cho, D.-L., Lee, S.R., Koh, H.J., Park, J.-B., Armstrong, R., and Choi, D.K., 2014, "Late Ordovician volcanism in Korea constrains the timing for breakup of Sino-Korean Craton from Gondwana," *Journal of Asian Earth Sciences*, 96, 279-286.

Choi, D.K., 1998, "The Yongwol Group (Cambrian-Ordovician) redefined: a proposal for the stratigraphic nomenclature of the Choson Supergroup," *Geosciences Journal*, 2, 220-234.

Choi, D.K., 2019a, "Evolution of the Taebaeksan Basin, Korea: I, early Paleozoic sedimentation in an epeiric sea and break-up of the Sino-Korean Craton from Gondwana," *Island Arc*, 2019;28:e12275.

Choi, D.K., 2019b, "Evolution of the Taebaeksan Basin, Korea: II, late Paleozoic sedimentation in a retroarc foreland basin and assembly of the proto-Korean Peninsula," *Island Arc*, 2019;28:e12277.

Choi, D.K., Woo, J., and Park, T.Y., 2012, "The Okcheon Supergroup in the Lake Chungju area: Neoproterozoic volcanic and glaciogenic sedimentary succession in a rift basin," *Geosciences Journal*, 16, 229-252.

Chough, S.K., Ree, J.H., Kwon, S.T., and Choi, D.K., 2000, "Tectonic and sedimentary evolution of the Korean Peninsula: a review and new view," *Earth-Science Reviews*, 52, 175-235.

Kobayashi, T., 1966, "The Cambro-Ordovician formations and faunas of South Korea,

Part X, Stratigraphy of the Chosen Group of South Korea," *Journal of the Faculty of Science*, University of Tokyo, Section II, 16, 1-84.

Lee, C.Z., 1992, "Biostratigraphic boundary of the Carboniferous-Permian strata in the Yeongwol coalfield, Korea," The Paleontological Society of Korea, Special Publication, 1, 161-169.

Lee, H.S. and Chough, S.K., 2006, "Lithostratigraphy and depositional environments of the Pyeongan Supergroup (Carboniferous-Permian) in the Taebaek area, mid-east Korea," *Journal of Asian Earth Sciences*, 26, 339-352.

McElhinny, M.W., Embleton, B.J.J., Ma, X.H., and Zhang, Z.K., 1981, "Fragmentation of Asia in the Permian," *Nature*, 293, 212-216.

Ree, J.-H., Kwon, S.-H., and Park, Y.D., 2001, "Pretectonic and posttectonic emplacements of the granitoids in the south central Okchon belt, South Korea: implications for the timing of strike-slip shearing and thrusting," *Tectonics*, 20, 850-867.

Reedman, A.J., Fletcher, C.J.N., Evans, R.B., Workman, D.R., Yoon, K.S., Rhyu, H.S., Jeong, S.W., and Park, J.N., 1973, "Geological, geophysical, and geochemical investigations in the Hwanggangri area, Chungcheong bug-do," Report of Geological and Mineralogical Institute of Korea, 1, 1-119.

Zhang, S.-H., Zhao, Y., Song, B., Hu, J.-M., Liu, S.-W., Yang, Y.-H., Chen, F.-K., Liu, X.-M., and Liu, J., 2009, "Contrasting Late Carboniferous and Late Permian-Middle Triassic intrusive suites from the northern margin of the North China craton: geochronology, petrogenesis, and tectonic implications," *Geological Society of America Bulletin*, 121, 181-200.

찾아보기

ㄱ

가스키어스 빙하시대 46, 59

간빙기 261, 273

거대충돌설 36

격변설 9

경상누층군 286

고생대 대결층 285

고생대 진화동물군 88

고스티절 117

고시생대 38

고원생대 40

고지자기 층서 212

고진기 11, 219, 221, 222, 298

고진기의 황금못 223

곤드와나 137

공룡 181

과달루페세 158

광석암군 6

구장절 80

그린란드 274

그린란드절 275

그젤절 147

기(紀) 20

ㄴ

나우만 222

남극순환해류 219, 262

노릭절 174

노스그립절 275

누대 20

누층군 25

눈덩이지구 43-46

ㄷ

다니아절 225

다리윌절 98

다윈 10, 68

다핑절 98

대(代) 20

대(帶) 25

대동누층군 285

대비 24

데누아예 12, 263

데본계 14, 126

데본기 123

데본기 대논쟁 125

데본기의 황금못 128

도르비니 183

도말리우스 달로이 11, 203

돕스린 110

동물군 천이의 법칙 9

동아프리카 열곡대 244

동일과정설 14
동해 244
드 라 베쉬 124
드럼절 80

ㄹ

라딘절 173
라이악스기 40
라이엘 221
란도버리세 114
랑게절 249
래티아절 175
랩워스 13, 89, 108
러드포드절 117
러들로세 117
러핑세 160
레만 6
로드절 159
로디니아 41
로라시아 137
로치코프절 130
론스데일 126
루단절 114
루테티아절 231
루펠절 235
르네비어 183

ㅁ

마리노 빙하시대 46
마스트리히트절 213
마이오세 221, 247
머치슨 13, 67, 108, 125, 152
메갈라야절 275
메시나절 251
메시나절 염도 위기 252
멕시코 만류 244
멤버 25
명왕누대 36
모스크바절 146
무셸칼크 168
문경층군 292
미시시피기 139
미시시피 아기 142
미아오링세 79

ㅂ

바렘절 208
바쉬키르절 145
바이리히 222
바조카에절 190
바턴절 232
바토니움절 191
발랑장절 207
방사능 17
방사능붕괴 17
방추충 144, 151
백악기 11, 201, 203, 298
백악기의 황금못 204
백악층 202
베르너 7
베리아절 207
볼트우드 18
부르디갈라절 248
부흐 11, 183
분트잔트슈타인 168
비제절 144
빙기 261, 273
빙성기 42, 289

빙하시대 138, 261

ㅅ
사크마라절 154, 157
산토눔절 212
삼엽충 66, 78, 151
삼첩기 169
상대적 시간 4
상변화 127
샌드비절 99
생물대량멸종사건 151, 168, 182, 201
생물층서단위 25
생흔화석 72, 73
석탄 137
석탄계 139
석탄기 12, 137, 296
석탄기의 황금못 141
선사시대 4
선캄브리아시대 31, 33
성층암군 6, 8
세(世) 20
세계표준층서단면·점 21
세노마눔절 210
세라발레절 249
세르푸호프절 145
세지윅 13, 67, 125
셀란절 227
셉코스키 87
소철의 시대 182
소행성 충돌설 202
소형패각화석 71
속씨식물 201
수성론 7
쉐인우드절 116
스미스 9
스타테로스기 40
스터트 빙하시대 45
스테노 5
스테노스기 41
시간층서단위 25
시네무룸절 187
시데로스기 40
시생누대 38
시스우랄세 156
신시생대 38
신원생대 41
신진기 11, 222, 243, 245, 298
신진기의 황금못 246
실루리아계 13, 68, 69, 108
실루리아기 110
실루리아기의 황금못 110

ㅇ
아가시 262
아기 140
아니수스절 172
아대 25
아르두이노 6, 11, 263
아르틴스크절 153, 157
아세 268
아셀절 154, 156
아이펠절 131
아카스타 36
아키텐절 248
알렌절 189
알바절 209
알베르티 12, 168
암석층서단위 24

압트절 209
양서류 123
어류의 시대 123
에디아카라기 51, 289
에디아카라기의 황금못 58
에디아카라 동물군 53, 54
에어론절 115
에오세 221, 229
에탕주절 186
엑타시스기 41
엠즈절 129, 131
역사시대 3
역자극기 212
영월층군 290
오로세이라기 40
오르도비스계 13, 70, 89, 108
오르도비스기 89, 293
오르도비스기의 황금못 94
오트리브절 208
오펠 183
옥녀봉층 293
옥스퍼드절 193
옥천누층군 287
올레네크절 172
올리고세 222, 234
우지아핑절 160
울리우절 80
워드절 159
원생누대 39
원시암군 8
웬록세 115
육상식물 108, 152
은생누대 31
이첩기 153
이퍼르절 231
인더스절 171
인류세 276

ㅈ

장클레절 253
절(節) 20
절대적 시간 4
정자극기 212
제1기 7
제2기 7
제3기 7, 11, 220
제4기 12, 261, 265, 266
제4기의 황금못 267
제르베 274
젤라절 270
조선누층군 285
조선해 292
중간암군 8, 67
중시생대 38
중원생대 41
쥐라기 11, 183, 298
쥐라기의 황금못 184
쥐라 석회암 182
지구냉각설 16
지르콘 37
지바절 272
지베절 132
지앙산절 81
지질계통 283
지질시간단위 25
지질시대 4
지질학 3
지층 겹쌓임의 법칙 5

지층 수평성의 원리 5
진단계 52

ㅊ
창싱절 160
천변지이설 9
초시생대 38
초원 243
충적암군 6, 8
충적층 264
층(層) 24
층군 25
층서학 24
층원 25

ㅋ
카닉절 174
카시모프절 146
카티절 236
칼라브리아절 271
칼로비움절 192
칼리마기 41
캄브리아계 13, 65, 69
캄브리아기 65, 292
캄브리아기-오르도비스기의 경계 91
캄브리아기의 황금못 74
캄브리아 진화동물군 87
캄파니아절 213
캐피탄절 159
컬럼비아 40
케이티절 100
켈빈 16
코냑절 211
코노돈트 94, 169
코니베어 12, 139
코이퍼 168
쿡소니아 107
쿤구르절 158
퀴비에 9, 264
클라우드 32
킴머리지절 194

ㅌ
타넷절 229
탄소동위원소 변동 230
태백층군 290
테레누브세 77
텔리치절 115
토노스기 42, 289
토르토나절 250
토아르시움절 188
투로니아절 210
투르네절 143
트라이아스기 167, 297
트라이아스기의 황금못 169
트레마독절 90, 97
티토누스절 194

ㅍ
파멘절 133
파이비절 81
판게아 137
판피어류 123
팔레오세 225
페름계 14, 152
페름기 151
페름기의 황금못 154
펜실베이니아기 139

펜실베이니아 아기 142
평안누층군 285, 294
포춘절 78
푸롱세 81
프라하절 130
프란절 132
프리돌리세 118
프리아보나절 233
플라이스토세 221, 253, 261
플라이오세 221, 253
플로절 98
플린스바흐절 187
피아첸차절 254
필립스 12, 139
필석 90

ㅎ

허난트절 100
허턴 15
현대 진화동물군 88, 167
현생누대 31
호머절 116
홀로세 261, 264, 274
홈스 18
홍적층 264
화산암군 8
화석 9
황금못 22
후기 고생대 빙하시대 138
후기 드리아스 한랭기 274
훔볼트 11, 182

지은이

최덕근崔德根

서울대학교 문리과대학 지질학과(이학사, 이학석사), 미국 펜실베이니아 주립대학 지질과학과(이학박사)에서 수학하고, 서울대학교 자연과학대학 지구환경과학부 교수로 재직했다. 현재 서울대학교 명예교수이자 한국과학기술한림원 종신회원이다. 주요 저서로 『지구의 이해』(2003), 『시간을 찾아서』(2004), 『한반도 형성사』(2014), 『내가 사랑한 지구』(2015), 『10억 년 전으로의 시간여행』(2016), 『지구의 일생』(2018)이 있다.